생각농사

알기 쉽게 풀어 쓴 농사 원리

글 하병연

제1장 _ 작물 ◦

제2장 _ 토양 ◦

제 5장 _ 농작업 및 작물 가꾸기

도시 농업 TIP

머리말

1

경남 산청에 태어나 부모님 농사일을 도우면서 어린 시절을 보내었다. 초등학교 5학년때부터 경운기를 몰았고 벼, 보리, 고구마, 감자, 인초, 딸기, 배추, 담배, 무, 양파, 마늘, 고추, 애호박, 수박, 잔디, 매실 등과 같은 수많은 농작물을 부모님과 함께 지으면서 농사일을 도왔다.

그 당시에는 농사에 과학이 있다는 사실을 몰랐다. 무조건 할아버지 농사 방식을 아버지가 이어받아서 농사를 짓는 시절이었다. 하늘이 주는 대로 받은 시절이었다.

2

공대에 진학하여 멋지게 농사일을 그만 할 것으로 생각했는데 그만 비료 회사에 취직되었고 그 많은 부서 중에서 하필이면 연구소에 근무하게 되었다. 비료를 연구하면서 농사에도 과학이 있다는 것을 알게 되었다. 토양학–작물학–비료양분학을 이해하지 못하고는 제대로 된 비료를 연구할 수 없었다.

 비료는 비료 자체 연구보다는 토양과 작물을 연구하는 분야이었다. 그래서 농대 박사학위 과정을 등록하고 공부했다. 신세계가 펼쳐진 듯 했다. 아무 생각 없이 집안 헛간에 퇴비를 직접 만들어 밭에 뿌리는 일, 쟁기로 토양을 갈아 두둑을 만들고 작물을 심고 풀을 메는 일련의 농사일이 모두 과학적으로 설명할 수 있다는 것에 희열을 느꼈다. 그 과정 하나하나에 전 세계 수많은 농학자들이 연구한 결과물들이 있었다. 그래서 참 재미있게 공부했다. 농사일에 대한 궁금증이 풀리는 순간이었다.

3

 아는 만큼, 보이는 만큼 생각도 하게 된다. 스스로 생각을 할 수 있으니 농사가 재미있었다. 직접 농지를 구입하고 토양, 작물, 기후 등을 감안한 생각 농사 계획서를 만들고 실천했다. 주변 농가들에게도 작물별로 생각 농사 계획서를 작성하여 공유하였다.

머리말

그 결과는 모두 놀랄 정도이었다. 작물 수확물의 품질, 크기, 맛, 향, 수량 등이 확연히 다르게 나왔다. 일부 농가는 돈을 두배 이상 벌었다고 하고 일부는 잘 자라는 작물을 보는 게 기쁨이었다고 하였다. 모두 "농사는 과학이다."라는 말에 공감했다.

4

오랜 회사 생활을 마치고 대학교 연구원 생활을 하면서 작물 연구를 심도 있게 하게 되었다. "농사는 과학이다"라는 말보다는 "농사는 하늘이 짓는다."라는 말에 더욱 공감하게 되었다. 농업도서에 나오는 글들이 모두 옳은 것이 아니라는 것을 생각하게 되었다. 이런 시기에 여수신문에서 "농사는 자연이다."라는 칼럼을 청탁받고 연재하게 되었다.

호미질이 왜 좋은지, 토양은 어떻게 만들어졌는지, 밭두둑은 왜 만들어야 하는지, 작물도 사람처럼 호흡하는지에 대한 일상적인 물음에 대해 좁다란 지식을 풀어 적었다. 여수신문에 실었던 글과 평소 몇 년간에 걸쳐 적었던 글들을 함께 모아 책으로 출간하게 되었다. 여기 적은 글들도 자연의 이치에 맞지 않을 수 있다. 모두가 맞다고 여기는 것을 '아니다' 라고 말할 수 있어야 옳은 것을 지킬 수 있다.

5

부끄러운 글 앞에 그동안 인연이 되었던 토양과 작물들에게 고마움을 전하고 싶다. 또한 부족한 부분을 일깨워 주고 이끌어준 사람들과 천지자연에게도 감사의 말을 전하고 싶다. 모두 고맙고 감사하다.

2020년 여름 진주 가좌벌에서 하병연

추천사

김필주(경상대학교 농업생명과학대학 교수)

하병연 박사는 시인이고 과학자입니다.

하루 24시간을 48시간처럼 살면서 시간을 쪼개 귀농인을 위한 책, 생각 농사를 출간하게 되었습니다. 진심으로 축하합니다.

하병연 박사는 대학을 졸업하면서부터 지금까지 25년 넘게 비료를 개발하고 연구해오고 있는 귀중한 학자입니다. 우리나라 최초로 친환경비료인 완효성 비료를 개발하고 산업화를 시킨 주역입니다. 현재는 친환경비료 제조회사 ㈜삼농바이오텍을 창립하여 운영하면서 우리나라 비료산업 발전에 기여해오고 있습니다. 사업적으로도 큰 성공이 있을 것으로 기대하고 있습니다.

시인 하병연은 "희생"이란 제목으로 2003년 농민신문 신춘문예 당선을 통해 등단한 상품성이 있는 작가로 알려져 있습니다. 바쁜 와중에도 2010년 희생(시와 사람), 2015년 매화에서 매실로(문학의 전당), 2020년 길 위의 핏줄들(애지) 등 시집을 출간해오고 있습니다. 하 시인의 시에는 벼의 일생이 있고, 농사의 고단함을 통한 깨달음이 있습니다. 일상에서 과학이 시가 되고, 시가 과학이 되는 이치를 끊임없이 전달하려 노력하고 있습니다.

베이비부머가 은퇴하면서 귀농 귀촌 인구가 50만 명을 넘고 있습니다. 농부에게는 너무도 하찮은 일들. 밭을 갈고 비료를 주는 일. 씨를 뿌리고 작물을 키우는 일들이 도시 사람에게는 너무도 어려운 일입니다. 작가는 귀농하면서 만날 수 있는 어려움을 얘기합니다. 그리고 쉽게 해결할 수 있는 방법을 학자적 이론제시를 통해 설명하고 있습니다. 이 책을 통해 행복하고 성공적인 귀농인이 될 수 있기를 희망합니다.

1장 작물

벼

하병연

높고 낮음이 없는 녹색 세상 일렁거린다
이 세상 저편에서
몇 날 며칠을 달리고 달려왔을
햇빛이 이제야 몸을 뉘인다
수많은 기공이 열리고
녹색으로 다시 빛난다
많고 적음이 없는 하늘도
지상으로 내려와
푸른 이불 덮는다
벼의 마음을 가득 품고 따뜻하다
내 가슴에도 벼가 자란다
나는 우주의 물기를 머금은
한 두둑 논
일생 동안 가두어진
마음 물꼬가 틔워진다
벼는 흠뻑 나를 마시고
어린 아이처럼 자꾸 커간다
수줍게 작은 가슴이 생겨나고
은밀한 곳에서는 잔털이 나고
벼꽃이 온몸에서 톡톡 피어 나온다
온 세상에 향기를 비처럼
고르게 고르게 뿌려준다

식물은 광합성을 통해 자란다. 광합성은 공기와 햇빛과 물이 필요하다. 이렇게 광합성을 통해 식물은 몸체를 만든다. 전체 몸체 중에서 95% 이상이다. 나머지는 질소, 인산, 칼리 등과 같은 미네랄 성분이다. 그래서 '농사는 하늘이 짓는다.'라는 말은 과학적으로 맞는 말이다. 식물이 푸른 이유는 광합성과 관련된 식물 잎 속에 있는 엽록소 색깔이 대부분 녹색이기 때문이다. 지상에 있는 벼가 녹색으로 일렁이는 이유는 벼 잎 속에 햇빛과 물과 공기가 있기 때문이다.

제1장_작물

어떤 작물을 심을 것인가?

 귀농하거나 전문 농업인으로 생활하거나, 텃밭으로 도시 농업인으로 생활하려고 할 때 제일 먼저 어떤 작물을 심을 것인가에 대해 고민하게 된다. 막상 농사를 시작하려니 막막하다. 그래서 인터넷 블로그를 통해 선배 농업인들의 경험을 학습하기도 하고 농업에 관련된 책도 구입하여 나름대로 농사에 대한 기초적인 지식을 쌓는다. 또한 주변 농업인들에게 농사에 관한 노하우를 묻기도 하고 직접 재배 농지를 찾아 가기도 한다.

 농사의 시작은 관심에서부터 나온다. 하지만 뭔가 2% 부족한 게 있다. 농업 전문 서적들은 농학을 전공하지 않은 사람들에게는 어려운 학문이고, 일반 농민들은 주로 자신의 경험담을 이야기하다보니 농사의 원리를 잘 이해하지 못하는 경우가 많다. 작물을 심어 놓기만 하면 토양이 알아서 키워 줄 것이라고 생각하는 사람들이 많다. 하지만 토양도 작물 가꾸듯 가꾸어야 좋은 토양이 된다.

 그렇다면 내가 살고 있는 지역 환경, 토양, 농산물안정성, 농산물 판매 수익성 등을 고려해볼 때 가장 이상적인 작물 선택을 어떻게 해야 할까? 이러한 고민 해결을 위해 최소한의 고려대상에 대해 다음 항목들에 대해 알아보도록 하자

적지적작(適地適作)

작물의 지리적 분포 및 생육은 기상·토지·생물 등 자연환경에 지배되는 것이다. 작물의 재배는 그 종(種)이 가지는 유전성이 자연환경의 지배 밑에서 최대의 유전적 형질로 발현하기 위해서는 작물의 생육 단계에 따라 가장 알맞은 환경 조건을 만들어주어야 한다. 이렇게 해야 수확도 많아지고 품질도 좋아지기 때문이다.

작물을 키우기 위해서는 제일 먼저 토양이 필요하다. 그리고 토양에 심을 작물의 종자나 모종이 필요하고, 작물을 관리해줄 사람이 필요하고, 또 작물 생육을 위해 햇빛, 물, 공기가 필요하다. 그래서 농사는 천(天), 지(地), 인(人)이 모두 조화롭게 관여하여야 한다. 이 중에서도 농사는 하늘이 짓는다는 속담이 있듯이 하늘의 역할이 무엇보다 중요하다.

극심한 가뭄이나 태풍 등과 같은 자연재해 앞에서는 토양이나 사람이 할수 있는 역할에는 한계가 있다. 그래서 농사를 위해 제일 먼저 고려하여야 할 사항은 바로 적지적작(適地適作)이다. 적지적작은 가장 적합한 토양에 가장 적합한 작물을 가꾸는 것을 말한다. 즉, 내 경작지 토양에 가장 적합한 작물을 선택하여 잘 가꾸어야 한다는 말이다.

농사에 있어서 이것은 당연한 것으로 여길 수 있지만 적지적작을 하지 않아 두고두고 후회하는 농업인들을 많이 보아왔다. 특히 과수 작물은 초기 투자비가 많이 들어가기 때문에 그 피해는 상당하다. 작목과 경작지 선택은 도시인들과 비교할 때 직장 선택과 같다. 한번 선택된 직장은 좀처럼 바꾸기 힘든 만큼 농업인들에게도 작목 선택은 매우 중요하고 힘들다. 그래서 가장 많이 고민하여야 한다.

그림 1. 적지적작은 농사에서 가장 중요한 선택이다

적지적작을 어떻게 결정하여야 할까? 농작물의 적지(適地)는 그 지역의 하늘과 땅에 관련되어 있다. 즉, 기후 조건과 토양 상태가 재배하고자 하는 작물의 생육 조건과 잘 맞는 것을 말한다. 이런 지역은 보통 몇 백 년 동안 조상대대로 그 지역에서 재배되어 왔기 때문에 기후나 토양 조건이 어느 정도 검증이 된 것이다. 또한 작물재배 기술이나 판매 유통망이나 지자체 지원이 확보된 곳이다.

지역 특성을 무시하고 본인이 재배하고자 하는 작물을 혼자 심을 경우에는 여러 가지 어려움이 따른다. 제일 힘든 것은 판매망이다. 텃밭 농사처럼 농산물을 생산하고 자가 소비만 한다면 큰 문제는 없지만 작물재배를 생업으로 하는 것이라면 농산물 판매는 작물 재배 못지않게 중요하다. 주변 지역과 다른 작목을 심었기 때문에 판매 유통은 홀로 개척하여야 하는 어려움이 있는 것이다.

두 번째는 주변에 작물 재배기술에 대해 도움을 받을 곳과 사람들이 없기 때문에 홀로 재배기술을 익혀야 한다는 점이다. 세 번째는 지자체 보조사업 자금을 받기 힘들다. 지방자치가 실시되면서 각 지자체에서는 자기 지역의 특화작물을 선정하여 농업인들에게 기술이나 자금 지원을 많이 하고 있다.

초기 작물재배 면적이 적을 때에는 큰 힘이 되지 않지만, 어느 정도 규모가 되면 생산물을 저온저장하거나 가공을 하여야 할 때 지자체의 보조사업자금은 많은 혜택을 준다. 흔히 처음 귀농을 하여 농업 특성을 잘 이해하지 못한 채 자기 본위의 생각대로 하다가 결국 몇 년이 지나면 후회하는 경우를 종종 보았다. 하지만 농사를 오랫동안 지어온 기존 농업인과의 무한경쟁을 생각한다면 틈새 작목을 선정하여 자신만의 경쟁 우위를 갖는 것도 좋은 방법일 수 있다. 그러기 위해서는 확실한 판매망을 갖춘 후 시행하는 것이 무엇보다 바람직하다.

따라서 작물은 사람이 키우는 것이 아니고 하늘과 땅과 사람이 함께 키우는 것이다. 그 중에서 하늘이 가장 많이 수고롭게 돌본다. 그러니 경작지에 하늘과 궁합이 가장 잘 맞는 작물을 심어야 잘 자란다.

품종 선택은 배우자 선택과 같다

작물을 재배할 적지(適地)를 선택하였다면 재배할 작물의 품종을 선택하여야 한다. 똑같은 고추라도 품종이 약 1백여 가지 된다. 노지 고추 품종이 있고, 시설 하우스 용도의 고추가 있다. 또한 탄저병, 역병 저항성 고추 품종이 있으며 매운 맛과 덜 매운 맛 등과 같은 다양한 종류의 품종이 있다. 종자는 주로 국내 종자회사로부터 구매할 수 있는 데 종자회사에서 직판하기보다는 각 지역 종묘상이나 농약상, 또는 지역농협에서 종자를 구할 수 있다. 각 종자에 대한 상세한 설명은 국내 종묘회사 홈페이지에서 상세히 설명하고 있으니 참조하면 된다.

　일년생 작물은 품종의 선택이 일 년으로 끝나지만 과수나무와 같은 다년생 작물은 품종을 잘못 선택하면 손해가 막심하다. 결국 한창 수확할 수 있는 6~7년이나 되는 나무를 베어 내고 새로운 품종으로 다시 심는 경우가 많다. 과실나무는 씨앗을 발아시켜 키운 어린 나무에 과실 품질이 좋은 나무를 접목을 해서 묘목을 생산하는데 국내 종자 회사에서는 과실나무 묘목을 생산하지 않고 주로 영세한 지역 묘목업체가 생산하고 있다. 대부분 시골 오일장터나 묘목상에서 판매하고 있으며 묘목 품질에 대한 보증이 어렵다.

　과실나무 묘목을 선택할 때에는 품종 특성을 명확히 파악하여야 하며 품질에 대한 보증이 확실한 업체에서 묘목을 구입하여야 한다. 특히 인터넷에 소개되어 있는 묘목 업체에 묘목을 구입할 시 묘목업체가 직접 나무 접목을 실시하는지, 몇 년 후 나무 품질에 대한 보증을 할 수 있는지를 꼼꼼히 따져 본 뒤 구매하는 것이 좋다.

　인터넷 묘목상들은 다양한 묘목을 취급하기 때문에 한 분야의 묘목에 전문성이 떨어질 수 있고 일반 농가로부터 묘목을 구입하여 재판매하는 형태가 있기 때문에 심중을 기하여야 한다. 필자도 인터넷을 통해 과실 묘목을 구입하여 낭패를 본 적이 있다. 할 수 없이 수확이 한창인 6년 된 나무를 베어내고 신규 품종으로 대체한 경험이 있다.

　대체로 나무 묘목은 주변 묘목상으로부터 구매하는 것이 좋다. 오랫동안 그 지역에 맞는 묘목을 생산하였고, 지역 농업인들이 오랫동안 구매하여 심어 품질 검증을 거친 것들이기 때문에 가급적 지역에서 오랫동안 묘목 사업을 한 묘목상에게 구매하는 것이 타당하다. 가장 좋은 방법은 현재 과일나무를 기르고 있는 주변 농장을 직접 방문하여 품질 좋은 과실나무 품종과 믿을 만한 묘목상을 소개받고 농장의 나무 자람새와 과일 품질을 확인 후 결정하는 것이 바람직하다. 작물의 유전적 형질은 후천적으로 자연환경이나 사람이 아무리 노력하여도 한계가 있어 품종 선택에 신중을 기하고 또 기하여야 한다.

품종 선택은 농부에게 있어서 배우자 선택과 같다. 재배 도중 바꿀 수 없다. 중간에 바꾸면 막대한 피해가 있다. 그러니 품종은 배우자 선택하듯 신중하여야 한다.

적기적작(適期適作)

흔히 어린 아이들처럼 철이 들지 않은 사람을 철부지라고 부른다. '철부지'의 '철'은 원래 계절의 변화를 가리키는 말이고 여기에 알지 못한다(不知)가 합해져서 '철부지'라는 말이 생겼다. 그만큼 오랜 세월동안 우리 조상들은 농사철을 중요시 하였다. 농사철은 절기로 대변되는데 농사를 잘 짓기 위해서는 24절기를 잘 이해하여야 한다.

일 년을 열두 달로 구분하면 한 달에는 보통 두 개의 절기가 있다. 약 15일 간격으로 절기가 있는 데 농작물을 심거나 수확은 보통 한 절기 이내에서 대부분 이루어진다.

모심기 철에 제 때 심어야 하고, 콩 심어야 할 철에는 콩을 심어야 한다. 철을 모르고 그냥 지나가 버리면 한 해 농사는 엉망이 되기 때문에 작물의 최적 정식 시기를 잘 파악하여 제 때 심는 것이 중요하다. 정식 시기를 놓쳐 한 해 농사를 망치는 경우가 있으므로 작물 정식일 이전에 필요한 농자재 및 토양 준비를 완료해야 한다. 따라서 적기적작(適期適作)은 작물 심는 시기를 잘 맞추어 작물을 제때 심어서 잘 가꾸는 것을 말한다.

따라서 농사는 하늘과 함께 하기 때문에 하늘의 부지런함을 따라 잡아야 가능하다. 절기를 놓치면 하늘을 놓치는 것과 같기 때문에 그 해 농사는 힘들어진다. 그러니 미리미리 준비하는 습관이 있어야 한다. 농사는 하늘의 태양길과 함께 가야 하기에 태양길을 따라 잡을 준비가 되어 있어야 한다.

작물 근권(根圈)은 왜 중요하나?

작물의 근권은 중요하다. 작물의 뿌리를 둘러싸고 있으며 뿌리를 흔들었을 때 떨어지지 않고 강하게 붙어있어 뿌리의 영향을 받는 토양권을 근권토양(rhizosphere soil)이라 하며 이 용어는 1904년 Hiltner에 의해 처음 정의되었다. 요즈음에는 살아있는 뿌리 둘레로부터 약 2~3mm까지의 범위에 있는 토양을 근권이라고 한다. 쉽게 말하면 토양 내에서 작물이 뿌리를 내리는 공간 주변이라고 이해하면 쉽다.

이 공간에는 작물이 지상부의 광합성산물을 뿌리로 내리는데 이러한 광합성산물을 섭취하기 위해 미생물이 근권 바깥 토양부분보다 훨씬 많이 분포하고 종류도 다양하며 작물의 뿌리가 양분 및 수분 흡수를 하는데 크게 영향을 준다. 이런 미생물들을 근권 미생물이라 부른다.

뿌리는 단순히 자기가 살기 위해 토양 내에서 양분 및 수분만을 흡수하지는 않는다. 작물은 성장 시기, 환경조건에 따라 특정한 물질을 뿌리 분비물로 배출함으로써 작물 생육에 필요한 미생물을 초대한다. 뿌리에서 배출되는 물질은 유기산, 당, 호르몬, 비타민, 아미노산 등이 있다. 근권 미생물이 지상부 태양으로부터 얻어지는 물질들을 뿌리로부터 얻을 수 있기 때문에 뿌리 주변으로 몰려들 수밖에 없다.

작물은 근권 미생물을 뿌리 주변으로 초대함으로써 스스로 움직이지 못하는 단점을 극복할 수 있다. 근권 미생물은 작물 뿌리 구조를 좋게 만들고 양분 흡수를 더욱 더 좋게 하며 병원균의 공격으로부터 작물을 지켜주는 역할을 수행한다.

토양관리는 근권 관리라고 해도 과언이 아닐 정도로 근권은 농업에서 중요하다. 근권 환경이 좋으면 뿌리는 튼튼하게 잘 자라고, 근권 환경이 좋지 못하면 뿌리는 잘 자라지 못한다. 굳이 설명하지 않아도 아는 사실이지만 대부분 작물 근권의 중요성을 인식하지 못한 채 농사를 짓는 경우가 대부분이다. 작물 근권의 영역은 작물의 종류에 따라 다르나 지표면으로부터 토양 깊이 50cm 깊이에 90% 이상의 뿌리가 분포되어 있다.

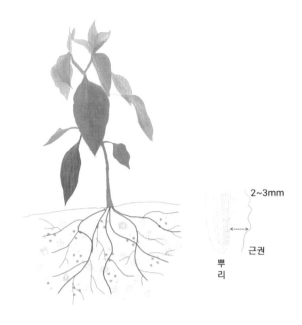

2~3mm

근권

뿌리

그림 2. 작물의 근권은 작물의 집이고 밥상이다.

작물이 영양분을 섭취하려면 이온 음료처럼 이온화된 상태로 작물 근권 주변에 있어야 한다. 토양에 부착되어 있던지 물속에 해리되어 있던지 간에 영양분들은 작물 근권에 있어야 영양분의 손실을 최소화 할 수 있다는 말이다. 따라서 토양 속에서 작물의 근권이 넓을수록 뿌리가 많아 영양분의 흡수가 많을 것이고 좁을수록 뿌리가 적어 영양분의 흡수가 적을 것이다. 뻔한 이야기인 것 같지만 여기에 토양관리의 핵심이 있기 때문이다.

작물의 근권 확보를 위해 경작자는 무엇을 해야 할 것인가를 항상 생각하고 노력해야 한다. 예를 들면 토양이 딱딱하면 뿌리 뻗기가 쉽지 않을 것이고, 토양 내 수분이 너무 많거나 적으면 새로운 뿌리 형성과 뿌리 병해를 초래한다.

딱딱한 토양(토양 물리성이 나쁜 토양)을 부드럽게 해주기 위해 경운을 하고 두둑을 올린다거나 토양 유기물 함량을 올려 딱딱한 무기물 함량을 줄여나가야 한다. 한마디로 작물의 근권은 사람이 생활하는 집과 같다. 생활환경이 쾌적하여야 건강하게 잘 살 수 있듯이 작물의 근권도 잘 관리되어야 작물도 건강하게 자란다.

농사는 뿌리 농사다. 뿌리가 잘 되어야 줄기 잎이 잘 된다. 뿌리가 농사의 핵심이다. 농사는 뿌리 농사로 인식하고 보이지 않는 토양 안을 항상 생각해야 한다. 근권(根圈)은 작물의 집이고 밥상이다. 집을 안락하게 꾸며주어야 하고 밥상을 잘 차려주어야 작물이라는 가족들이 쾌적하고 건강하게 잘 산다. 건강하게 잘 돌봐준 만큼 열매로 되돌아온다.

천근성(淺根性) 작물과 심근성(深根性) 작물은 어떻게 관리하여야 하나?

작물은 뿌리의 깊이에 따라 천근성(淺根性) 작물과 심근성(深根性) 작물로 구분한다. 천근성 작물은 뿌리가 지표층 부근에 집중적으로 분포되어 있다. 일반적으로 뿌리의 80% 이상이 토양 깊이 20~30cm에 분포하며 뿌리가 밑으로 뻗지 않고 지표면을 따라 옆으로 뻗는다.

천근성 작물의 뿌리가 지표면 근처에 있는 것에는 이유가 있을 것이다. 이 작물의 뿌리는 대기 중 공기를 굉장히 좋아한다. 대기 중 공기를 많이 흡수하지 못하면 잘 자라지 않는 특성이 있다. 이런 작물들을 호기성(好氣性) 작물이라 부른다. 대표적인 작물이 블루베리, 고추, 포도 등이다. 뿌리가 지표층 가까이 있기 때문에 수분에 민감하다.

봄철 건조기에 수분이 부족하면 뿌리 건조 피해가 심하고 여름 장마철 수분이 많으면 뿌리에서 호흡을 제대로 하지 못해 습해 피해를 쉽게 받는다. 또한 얕은 뿌리 분포로 인해 심근성 작물보다 겨울철 한파 피해를 많이 받아 겨울철 기온이 많이 내려가는 지역이나 차가운 바람이 많이 부는 지역은 천근성 작물을 심는 것을 고려해야 한다.

이런 작물들은 물 빠짐이 좋은 토양과 유기물이 풍부한 토양에 식재하여야 잘 자란다. 뿌리의 특성은 사람의 수염처럼 가는 수염뿌리가 많다. 수염뿌리이기 때문에 딱딱한 토양을 뚫고 밑으로 내려가는 것이 어려워 지표면 근처에 뿌리가 몰릴 수밖에 없다. 뿌리 근처에 비중이 높은 무거운 토양 성분이 많으면 뿌리가 잘 자라지 못하고 유기물과 같이 가벼운 토양 성분이 많으면 뿌리가 잘 뻗는다. 천근성 작물은 이러한 특성이 있기 때문에 토양관리는 유기물 함량을 높이는 게 가장 효과적인 방법이다.

10여 년 전 블루베리가 국내에 처음 들어왔을 때 돈이 된다고 하여 너도나도 블루베리 생육 특성을 무시한 채 물 빠짐이 좋지 않은 논토양에 구덩이를 파고 피트모스를 넣고 그 위에 블루베리를 심었다. pH 4.5 정도 맞추지 못하면 블루베리가 생육하지 못한다고 하여 pH가 낮은 피트모스를 수입하여 그대로 사용했다. 그 결과 해마다 여름 우기 때마다 나무들이 죽어나가기 시작하여 낭패를 본 사례들이 있었다.

유기물과 pH 관리도 중요하지만 배수와 수분관리가 굉장히 중요한 천근성 작물의 생육 특성을 간과하여 손실을 보게 된 것이다. 대부분 작물의 뿌리는 지표면으로부터 땅속 30cm 전후에 많이 분포하나 심근성 작물의 뿌리는 그 이하로 내려가 자라는 특성이 있다. 심근성 작물의 대표적인 작물은 옥수수인데 땅속 70cm 범위로 뿌리가 분포하고 지표 부근 마디에서는 굵은 측근(곁뿌리)이 발생하여 식물체 지지 역할과 양분 흡수 역할을 한다. 작물은 지상부와 뿌리의 생장이 서로 연관되어 있으며 뿌리는 지상부에서 공급하는 광합성 산물의 양에 따라 생장이 결정된다.

녹차나무도 심근성 작물로 대표할 수 있는데 뿌리의 주근(主根)이 지표면 옆으로 뻗히는 성질보다 지하로 내려가는 성질이 강하다. 그래서 뿌리가 1m 이상 내려가기도 한다. 따라서 심근성 작물 성장이 좋게 하기 위해서는 토양 하부가 딱딱하지 않고 부드러워야 한다.

이러한 심근성 작물의 특성으로 가뭄에 견디는 힘이 강하고 토양 깊은 곳에 있는 광물질을 작물 뿌리가 흡수하여 지상부 잎이나 줄기로 올려 지표층을 비옥하게 하는 특성이 있다.

녹비 작물의 대표적인 호밀과 헤어리베치는 심근성 작물로 뿌리가 1m 정도 깊이 내려가 물과 공기가 이동할 수 있는 통로를 만들어 준다. 뿌리는 그물망처럼 엉켜있어 의해 토양 유실방지 효과와 토양 내 잔존하고 있는 염류제거 효과가 크다. 또한 뿌리혹박테리아에 의해 공기 중의 질소를 고정하는 효과가 커 유기농업에서는 화학비료 대체용으로 헤어리베치를 많이 식재하고 있다.

단일 작물을 연작 하다 보면 재배 년수가 경과할수록 고상과 액상의 비율은 증가되지만 기상비율은 점차 감소되어 토양이 딱딱하게 되며 토양 입단은 형성되지 않고 공기 흐름인 통기성이 불량해진다. 이때 심근성 녹비작물로 윤작하게 되면 토양 내 유기물 함량이 증가되고 토양 보수력, 수분이동 및 통기성이 향상되어 작물 뿌리가 잘 자라게 된다.

결국 천근성 작물이든 심근성 작물이든 토양관리를 잘해야 하는데 가장 중요한 것은 토양 내 유기물 함량을 높이기 위한 토양관리를 해야 하는 것이다. 그러기 위해서는 토양 내 유기물 함량 증대와 토양 물리성 향상을 위해 천근성 작물과 심근성 작물의 번갈아 심기, 즉 윤작이 필요하다.

두 작물을 번갈아 심음으로서 작물의 뿌리가 토양 표면 및 토양 하부에 스스로 쟁기질하여 토양의 숨구멍을 만들어 주고 작물 뿌리 주변에 몰려 드는 미생물량을 증가시킬 수 있기 때문에 천근성 작물과 심근성 작물을 번갈아 심는 것이 필요하다. 따라서 천근성 작물과 심근성 작물 특성을 잘 알아야 한다. 이것을 제대로 이해하여야 토양관리와 토양선택을 어떻 게 할 것인가를 설계할 수 있다.

뿌리가 지표면 근처에 몰려 있는지, 지하로 계속 내려가는지를 파악해야 한다. 너무 간단하지만 천근성 및 심근성 작물 특성을 이해하는 농가는 많지 않다.

뿌리는 어떤 구조와 역할을 할까?

작물의 뿌리는 살아있는 조직 기관으로써 작물 생육에 있어서 많은 역할 을 한다. 작물 뿌리의 일차적인 역할은 줄기나 이파리와 같은 지상부의 조 직을 비바람에 쓰러지지 않게 기둥 역할을 한다.

작물의 뿌리가 지하부 토양과 견고한 뿌리 내림을 하지 않으면 작물은 외부 충격에 쉽게 쓰러지고 더 이상 생육을 못한다. 또한 작물의 뿌리는 작물 생존에 필요한 물과 양분을 흡수하며 토양 환경을 모니터링 하는 필 수적인 기관이며, 지상부로 물과 양분을 올려주면 지상부에서는 대기 중 에 있는 공기와 빛으로 광합성 하여 생성된 광합성산물을 지하 뿌리로 내 려 보내 새로운 뿌리조직 생성에 도움을 준다.

따라서 지하부에서는 물과 양분을 지상부로 올려주고, 지상부에서는 광 합성산물을 지하부로 내려주어 전체적인 순환구조에서 작물은 생육한다. 이런 작용에 필요한 에너지를 원활히 공급하기 위해서는 땅 속 뿌리에서 호흡이 제대로 이루어져야 한다.

최근에는 작물 뿌리가 빛을 포함한 다양한 외부 환경 정보를 수집하고 적절하게 반응한다는 사실이 밝혀짐에 따라 동물의 뇌와 비슷한 역할을 식물뿌리에서도 똑같이 수행한다는 「root-brain」 가설이 조금씩 증명되고 있다.

작물의 뿌리는 종자에서 발생되는 1차근과 1차근에서 형성된 2차근, 2차근에서 형성된 3차근으로 구분한다. 1차근과 2차근은 주로 건물의 기둥과 같은 역할을 하며 뿌리가 토양 속으로 뻗어나가기 위해 뿌리 두께가 두껍고 조직이 단단하다. 통상 1mm 이상의 굵기를 가진 뿌리(주로 1차근과 2차근)는 양수분의 흡수보다는 운송역할을 담당하며 실뿌리라고 불리는 3차근에서 주로 양분과 수분의 흡수가 일어난다.

작물이 토양 속의 양분과 수분을 잘 흡수하기 위해서는 실뿌리인 3차근이 많아야 하는데 실뿌리를 많게 하기 위해서는 토양 유기물을 풍부하게 공급하여야 하고 토양 내 고상-액상-기상 비율이 균형적으로 잘 분포되어야 하며 근권 내 적정 온도와 유효 양분을 적정하게 공급해주어야 한다.

또한 고구마, 감자, 당근처럼 작물의 잎에서 만들어진 영양분을 뿌리에 저장하는 작물이 있다. 이것은 뿌리의 양수분 흡수작용 뿐만 아니라 뿌리의 저장작용 역할을 말하는데 향후 지상부 환경의 급격한 변화에 대체할 수 있는 미래 작물로 지하부를 이용한 식량 생산에 중요한 역할을 할 것으로 기대된다.

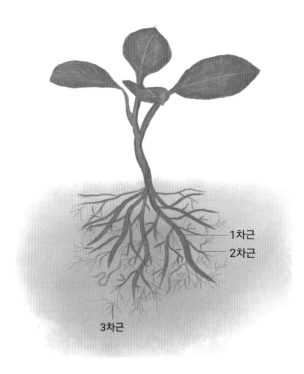

1차근
2차근
3차근

그림3. 뿌리의 1, 2차근은 지지대 역할을 하고 3차근은 양분과 수분을 흡수한다.
실뿌리인 3차근을 잘 길러내어야 작물이 잘 자란다.

뿌리의 기능을 요약하자면 다음과 같으며 작물재배 기본은 뿌리를 키우는 것이므로 뿌리의 중요성을 인식하여야 한다.

1) 지지작용(지상부 작물체 지탱), 2)흡수작용(물과 무기양분 흡수), 3)호흡작용(토양 속의 산소를 흡수), 4) 저장작용(광합성으로 만들어진 유기양분을 녹말형태로 저장)

대부분의 작물뿌리는 3차근이 주로 차지하는데 전체 뿌리량의 70~75% 정도 차지하며 양수분 및 산소를 흡수하는 역할을 하여 농민 입장으로서는 3차근 발달을 어떻게 잘 할 수 있을 것인가에 대해 항상 고민하여야 한다. 3차근은 뿌리 직경이 1mm도 되지 않기 때문에 토양에 딱딱하거나 산소가 부족하거나 물기가 너무 많거나 적으면 생성되기 어렵다.

토양을 딱딱하게 관리해서는 안 되고 부드럽게 관리해야 하는데 이런 관리를 가능하게 해주는 것이 토양 유기물이다. 이렇듯 토양 유기물은 토양 관리의 기본이라 할 수 있다.

뿌리털은 영원히 살 수 없고 보통 3~10일 정도에서 죽게 되며 다시 2~3일 내에서 새로운 뿌리가 돋아나 발육한다. 그래서 뿌리는 사멸하고 다시 태어나는 재생 과정을 되풀이 하여 항상 뿌리가 토양 속에 존재하게 되어 지상부에 있는 줄기나 잎에게 물과 양분을 공급해주어 작물이 살 수 있게 해준다. 만약 뿌리가 이런 사멸과 재생의 되풀이를 반복하지 않으면 뿌리는 토양에서 사라지게 되고 지상부에 있는 줄기나 이파리는 물과 양분을 얻지 못해 말라 죽게 된다.

뿌리의 구조와 역할은 연구로 밝혀진 것이 매우 적다. 국내에서는 뿌리 전문 연구기관이 없다. 뿌리 전문 연구자도 없다. 농작물 뿌리뿐만 아니라 산림 식생 뿌리, 해초 뿌리, 약초 뿌리 등 연구해야 할 분야가 너무 많다. 작물 뿌리 연구는 농작물 연구의 뿌리라 할 수 있다.

작물의 뿌리도 사람처럼 호흡할까?

작물의 뿌리가 지하부 땅 속에 있다고 하여 호흡을 하지 않는 것은 아니다. 작물도 사람처럼 지상부이든, 지하부이든 호흡을 한다. 또한 호흡을 못하면 시들어 죽게 된다. 가정에서 부지런한 사람들이 화분에 심어 있는 꽃을 죽이는 경우가 흔한데 그 이유는 주로 물주기를 너무 자주 하기 때문이다.

보통 토양은 고상 50%, 액상 25%, 기상 25% 정도 구성되어 있는데 물을 자주 주면 공기가 들어 있는 기상 부분이 액상 부분으로 채워져 화분 속에 들어 있는 뿌리가 제대로 호흡을 하지 못해 결국 뿌리가 썩어 죽게 된다. 물론 물을 너무 안 주면 액상 부분이 적어지고 기상 부분이 많아져 꽃은 목말라 죽게 된다. 특히 블루베리와 같이 통기 조직이 잘 발달되지 않은 작물은 뿌리가 물에 오랫동안 잠기면 호흡 할 수 없어 쉽게 죽게 된다.

근권의 산소농도와 작물의 생육과는 밀접한 관계가 있으며, 작물이 능동적으로 양분과 수분을 흡수하기 위해서는 우선적으로 뿌리를 통한 호흡을 통하여 에너지(ATP)를 획득하여야 하는데 이때 다량의 산소가 요구된다. 식물의 뿌리는 호흡을 통해 산소를 요구하고 이산화탄소를 생산하고 양분 흡수에 필요한 에너지를 만들어낸다.

포도당 + 산소 → 물 + 이산화탄소 + 에너지(ATP)

뿌리의 호흡에 의해 생성되는 에너지는 뿌리의 신장, 막의 기능유지 및 양수분 흡수 등에 소비되는데 토양 중 산소 공급이 불량하게 되면 사이토키닌과 같은 식물 호르몬 합성이 억제되어 식물생장이 저해되고 작물 뿌리 분지가 감소하고 뿌리 신장량이 급속히 제한된다. 그런데 벼와 같은 수생식물의 뿌리는 왜 물속에서도 썩지 않는 것일까? 이들의 줄기와 잎자루에는 발달된 통기조직(通氣組織·Aerenchyma)이 있다. 이 조직은 잎에서 흡수한 공기를 물속에 잠긴 뿌리에 전달해 준다. 이것이 바로 벼 뿌리가 썩지 않는 비밀이다.

물속에서 벼 뿌리가 썩지 않는다고 해서 논에 항상 물을 가득 채워 놓으면 여러 가지 부작용이 있다. 논에 물을 채우면 산소가 부족해진 환원상태로 바뀌게 되는데 벼 뿌리는 환원상태보다는 공기가 많은 산화 상태에서 잘 자란다. 그렇기 때문에 벼의 생육 단계에 따라 논에 물을 넣고 빼주어 벼 뿌리 쪽으로 수분과 공기를 충분히 공급해주어야 한다. 따라서 작물은 뿌리를 통해 양분과 수분을 흡수하기도 하지만 호흡을 통해 산소를 공급받아야 살 수 있다.

왜 기후는 작물 생육에 영향을 주는가?

작물의 뿌리는 토양 온도에 민감하게 반응을 한다. 사람도 따뜻한 온돌방에서 자고나면 몸이 개운해지듯이 작물도 토양이라는 방 안 온도가 적당하게 따뜻하여야 잘 자란다. 너무 차갑거나 더우면 뿌리의 활성이 떨어지고 근권 내 미생물의 활성도 떨어져 결국 지상부 생육도 떨어지게 된다.

나무를 키우다 보면 나무의 생육이 좋은 시기는 더운 날씨가 끝나고 시원한 바람이 부는 9월 초순에서 10월 중순까지 정도이다. 그러다가 차가운 바람이 부는 10월 중순 이후부터는 나무는 성장하는데 초점을 맞추지 않고 딱딱한 목질화 과정을 거치게 되는데 이것은 추운 겨울을 대비하기 위함이다.

근권 온도는 기온과 일조량에 따라 예측이 가능하며 작물의 생리적 반응에 직접적으로 영향을 미치며 무기물의 풍화, 토양 수분, 미생물 등에도 영향을 미친다. 토양 온도가 0℃에서 30~35℃까지는 10℃씩 상승할 때마다 미생물 활동이 2배로 증가되며, 그 이상의 온도에서는 미생물 활성이 급격히 떨어진다. 일반적으로 작물의 뿌리생육을 위한 최저 온도는 5℃,

최고 온도는 35~40℃이며 적온 온도는 20~25℃이나 종과 품종에 따라 상당한 차이가 있다.

딸기, 수박, 토마토 등과 같은 과채류의 생육 적온은 18~23℃ 범위이며 지온이 높을수록 양수분 흡수량이 증가한다. 16℃일 때는 20℃에 비하여 양수분 흡수량이 60% 수준으로 저하하며 15℃는 50% 이하, 14℃에서는 양수분 흡수가 거의 이루어지지 않는다. 13℃ 이하에서는 인산 결핍 증상이 심하게 발생하여 엽색이 자주색을 띠게 되며, 30℃ 이상에서는 칼슘과 마그네슘 결핍을 초래할 수 있다.

따라서 작물은 심는 시기가 매우 중요하다. 우리 조상들은 24절기를 통해 작물 심는 시기를 정하였는데, 24절기는 약 보름 정도이고 이 시기에 대부분의 작물을 심는 농번기철이었다. 이렇게 적정 시기에 작물을 제때 심어야 작물이 자라는 데 필요한 기후를 맞출 수 있기 때문이다.

"콩 심은데 콩 나고, 팥 심은데 팥 난다." 는 속담을 "콩 심을 때 콩 심어야 콩 수확할 수 있고, 팥 심을 때 팥 심어야 팥 수확할 수 있다." 라고 바꾸어 말할 수 있다.

작물 뿌리는 어떻게 물과 양분을 흡수할까?

작물은 토양 속에 있는 물과 무기양분을 실뿌리라고 하는 3차근인 뿌리털에서 흡수하여 뿌리 내부인 표피, 피층, 내피를 통해 뿌리의 물관으로 이동하며 물관으로 이동된 물은 지상부 줄기의 물관으로 이동하고 다시 잎의 물관으로 이동하여 작물이 필요한 수분과 무기양분을 공급한다. 결국 작물이 양분과 수분을 잘 흡수하기 위해서는 3차근 형성을 많이 해주어야 하는데 3차근 형성은 얼마나 토양관리를 잘 하느냐에 달려있다.

작물 뿌리는 어떻게 물과 양분을 흡수할까? 여러 가지 설이 있지만 삼투압 현상이 가장 지배적이다. 삼투압 현상이란 농도 차이가 서로 다른 물질이 반투과성 막에 의해 분리되어 있을 때 농도가 낮은 물질이 농도가 높은 쪽으로 반투과성 막을 통해 이동되는 현상을 말한다. 즉 농도가 낮은 토양 속에 있는 물이 농도가 높은 뿌리 쪽으로 이동하게 되는 현상이다.

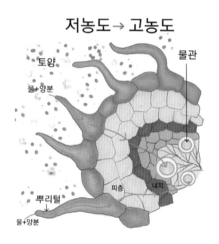

그림4. 양분 농도가 낮은 뿌리 바깥에서 양분 농도가 높은 뿌리 안쪽으로 양분과 수분이 이동한다. 토양 염류가 너무 많아 반대로 되면 뿌리 안쪽에 있던 양분과 수분이 토양 바깥쪽으로 이동되어 작물은 말라죽는다.

작물 뿌리로부터 흡수한 물은 광합성과 팽압 유지에 일부 사용되고 대부분 작물의 기공을 통해 기체 상태로 대기에 배출되는데 이를 증산작용이라고 한다. 나무나 식물이 많은 곳이 시원한 이유는 식물의 증산 작용에 의해 천연적으로 내뿜고 있는 물 분수가 많기 때문이다.

증산 작용에 의해 식물세포 안의 수분이 적어지게 되면 세포액 속의 당질이나 무기 염류가 농축되어 삼투압이 높아지게 된다. 높아진 농도 쪽으로 뿌리 밖 물은 식물 쪽으로 이동되고 물은 물관부를 통해 뿌리로부터 지상부 잎 끝까지 하나의 긴 물기둥을 이루는데 물관 속의 물 분자들이 서로 끌어당기는 응집력이 있기 때문에 물은 끊어지지 않고 물줄기로 서로 연결되게 된다. 이렇게 함으로써 지상부 잎은 어느 한 부분이 시들지 않고 전체 푸르게 자랄 수 있게 된다. 물의 응집력이 없다면 지상의 나무와 풀은 존재할 수 없기 때문에 물은 모든 생명의 기원이라 할 수 있다.

  내륙 분지인 대구가 여름철이 너무 더워 특단의 대책을 세운 것은 나무 심기였다. 하늘 공중에 있는 천연나무 분수에서 뿜어져 나오는 물로 뜨거워진 대기 중의 열을 식히고 지상에는 그늘을 드리워 아스팔트 열섬 현상을 방지한다. 또한 차량에서 뿜어져 나오는 질소산화물, 황산화물 등과 같은 매연 성분과 미세먼지 등은 나무의 영양원으로 다시 재활용되어 도시는 한결 깨끗해진다.

  지상에서 공중으로 4~5m 높이 규모의 분수를 인위적으로 설치하여 전기로 물 펌프를 가동한다면 얼마나 많은 비용이 들겠는가? 나무와 식물의 증산작용으로 자연히 뿜어져 나오는 천연분수는 모든 생명체가 지구 행성에서 살 수 있게 해 주는 고마운 선물이 아닐 수 없다.

작물체 내의 수분은 얼마 정도일까?

우리가 아는 생명체는 물 없이는 살 수 없다. 물은 작물체 구성 성분 중에서 가장 많은 부분을 차지한다. 그러면 생장 중인 식물은 얼마만큼의 수분을 가지고 있을까? 보통 식물체 전체 중량의 70~80% 정도가 물로 되어 있다. 식물체 중에서도 생장 중인 줄기·뿌리·어린 잎 등의 젊은 조직에는 90% 정도의 수분이 함유되어 있고, 늙은 조직일수록 수분 함량이 적어진다. 예를 들어 당근 뿌리는 85%, 오이는 96%, 시금치는 90%, 양파는 88%, 고구마는 71% 정도의 수분을 가지고 있다.

식물체로부터 물을 제거한 건물(乾物; dry matter)량의 약 92%가 탄소, 수소 , 산소(C, H, O)로 구성되어 있다. 탄소, 수소, 산소(C, H, O)는 식물체를 구성하고 있는 단백질, 셀룰로오스, 헤미셀룰로오스, 리그닌, 전분 등의 중요한 구성성분이다.

평균적으로 식물체의 약 75%는 물이고 나머지 25%가 건물로 이루어져 있다. 이중 자연에서 온 물과 탄소, 수소, 산소(C, H, O)가 식물체 조직의 약 95% 이상 차지하고 있고 질소, 인산, 칼륨 등의 무기물이 약 5% 정도 차지하고 있어 농사는 하늘이 짓는다는 말이 과학적으로 맞는 말이 된다.

사람이 비료, 퇴비 등과 같은 인위적인 농자재를 투입하여 작물을 잘 가꾼다 하여도 하늘이 도와주지 않으면 풍년을 기대할 수 없다. 그 중에서도 식물체에서 가장 많은 부분을 차지하고 있는 물을 어떻게 관리하느냐가 작물재배의 성패가 달려 있다고 해도 과언이 아니다. 결국 농사는 작물 수분과 관련된 물 관리와 작물 광합성과 관련된 햇빛 관리라 할 수 있다.

수분의 역할

작물체 내 수분함량이 약 75% 정도이어서 작물성장에 있어서 물은 매우 중요하다. 물이 없으면 지구상 모든 생물들은 생명현상을 유지할 수 없다. 물은 당(糖)이 생성되는 광합성 과정에서 이산화탄소와 반응물질로 작용하고 작물체 내에서 일어나는 모든 생화학적인 반응의 매질이 된다.

작물은 토양에 있는 무기영양분을 물로 통해서 흡수하고 흡수된 영양분은 물과 함께 각 세포 조직으로 이동된다. 작물체에 흡수된 물은 일부 작물체 생육에 필요한 생화학반응에 소비되고 나머지는 작물의 잎을 통해 외부 밖으로 배출된다. 이러한 작물의 잎을 통해 물이 배출되는 증산 과정은 작물체내의 온도를 조절하기도 한다.

광합성이 활발히 일어나고 있는 작물은 잎 표면으로부터 물이 계속 증발되는데 이렇게 증발된 양만큼 토양으로부터 물을 공급해주어야 한다. 작물 세포에 의한 물의 흡수는 압력을 발생시키는데 이를 팽압(turgor pressure)이라고 하며 골격계가 없는 작물이 똑바로 서 있기 위해서는 세포의 팽압을 유지하여야 한다. 팽압에 의하여 어린 세포의 생장이 촉진되므로 물은 직접적으로 식물의 생장에 관여한다고 할 수 있다.

작물 뿌리를 어떻게 하면 잘 자라게 할까 ?

대부분의 농업인들은 어떻게 하면 작물의 수확량과 고품질의 농산물을 생산할 수 있을까를 생각한다. 즉 지상부의 결과물에 초점을 맞추고 작물관리를 계획한다. 사실상 지상부의 결과물은 지하부의 결과물에 달려 있는데 작물 지하부에 대해서는 신경을 많이 쓰지 않는다.

농업인을 대상으로 하는 강의 시간이나 우연찮게 만난 농민들에게 작물 재배 기간 중 토양을 파서 작물 뿌리 생육에 대해 직접 관찰해본 적이 있냐고 물어보면 손을 드는 사람이 거의 없다. 또한 토양을 직접 파서 토양 상태를 관찰하지 않았기 때문에 토양에서 나는 냄새를 맡아볼 리가 없다. 지상부의 생육은 지하부의 생육에 달려있기 때문에 자주 토양을 살펴보고 작물 뿌리 상태를 확인하여야 한다.

경작자의 인식 전환이 작물 뿌리를 잘 자라게 할 수 있는 가장 좋은 방법 중에 하나다. 즉, 농부의 두 손에 토양을 쥐고 유심히 관찰하여 적절한 조치를 취해야 한다는 말이다

토양관리는 크게 물리성, 화학성, 생물성의 특성으로 구분하여 관리하는데 각각의 특성이 구분되어 있는 것이 아니고 모두 연결되어 있기 때문에 한 부분만 중점적으로 관리한다고 해서 작물 뿌리가 잘 자라지 않는다는 것이다.

토양의 물리성은 토양의 딱딱한 정도, 즉 경도를 주로 말하며 토양이 부드럽지 않고 딱딱하면 작물 뿌리가 잘 뻗지 않는다. 따라서 토양의 경도를 부드럽게 해주기 위해서는 토양을 깊게 갈아 두둑을 만들어 준다든지, 토양 유기물 함량을 올려 토양 비중을 낮추어 토양 배수성 향상을 도모하여야 한다.

토양 화학성은 토양 pH, 유기물 함량, 치환성 양이온 함량, 양이온 교환용량(CEC), 전기전도도(EC) 등이 있는데 각 작물에 알맞은 토양 화학성이 있다. 농촌진흥청 국립농업과학원에서는 수십 년간의 작물재배시험을 통해 각 작물별 토양 물리성과 화학성 최적 기준을 제시하였고 거기에 알맞은 표준시비량을 산정하여 자료를 배포하고 있다.

이런 자료를 토대로 토양 화학성 관리는 토양 이온들의 밸런스를 맞추어주는 일이다. 토양 내 어떤 성분이 많으면 그 성분을 토양에 투입하는 양

을 줄이고, 어떤 성분이 부족하면 그 성분을 보충해 전체적인 이온간 양분 균형을 맞추어야 한다. 과학 영농은 여기서부터 출발이다. 사람이 아프면 병원에 가는데 병원 의사는 여러 장비를 이용하여 환자의 상태를 정확히 진단하여 처방 내리듯이 내 토양의 상태를 정확히 알아야 토양 관리를 할 수 있다.

토양 화학성분 분석은 토양 샘플을 들고 가까운 농촌기술센터에 찾아가면 무료로 분석 결과를 받아볼 수 있다. 작물의 뿌리는 작물이 필요한 양분을 필요한 시기에 필요한 양만큼 공급되었을 때 가장 잘 자란다. 따라서 작물 생육 시기 중 토양 분석으로 현재 내 토양의 양분 함량을 파악하여 적정 비료량과 비료성분을 시비 하여야 한다.

토양 생물성은 토양 내 미생물 및 군소 생물을 말하는데 토양 내 생물의 다양성은 매우 중요한 역할을 한다. 지렁이는 토양을 쟁기처럼 땅을 갈아서 토양 내 숨구멍을 만들어주고, 분변을 통해 작물이 쉽게 양분을 이용할 수 있는 형태로 만들며, 토양 미생물은 토양 내 불용해성 양분을 용해하여 작물이 이용할 수 있게 해주고 공기 중의 질소 이용과 작물 병해충 예방 등에 중요한 역할을 한다.

따라서 작물의 뿌리를 잘 발달시키기 위해서는 토양의 물리성, 화학성, 생물성이 동시에 잘 관리되어야 하며 어느 한쪽이라도 불량하면 작물의 성장은 제한을 받게 된다.

작물의 필수 원소 및 양분 흡수 형태

- 작물의 필수 원소

식물 성장에 필요한 필수 원소는 대개 16가지인 것으로 알려져 있다. 그들은 크게 비무기질 영양소(Non-Mineral Nutrient)과 무기질 영양소(Mineral Nutrient) 두 가지 종류로 나눈다. 비무기질 영양소는 탄소(C), 수소(H), 산소(O)이고 무기질 영양소는 질소(N), 인산(P), 칼륨(K), 칼슘(Ca), 마그네슘(Mg), 유황(S), 철(Fe), 붕소(B), 아연(Zn), 망간(Mn), 몰리브덴(Mo), 염소(Cl), 구리(Cu)가 있다.

이 두 종류의 영양소를 합쳐 작물의 16대 필수 영양소라 불린다. 이들 중 탄소는 대기 상태의 이산화탄소에서, 수소는 물에서, 산소는 공기 중에서 얻을 수 있고 이들을 제외한 나머지 13가지 원소들은 토양을 통해 얻는다.

비료는 무기질 영양소를 관리하는 것이며 무기질 영양소가 토양 내에서 작물이 필요한 양보다 적을 때에 비료를 통해 보충해주는 것이다. 식물체 전체 구성 성분으로 비무기질 영양소가 전체 함량 중 약 95% 정도 되고 무기질 영양소는 약 5% 정도 이어서 "농사는 하늘이 짓는다."라는 속담이 과학이라 말할 수 있다.

비무기질 영양소는 대기나 물속에 존재하는데 다음과 같은 광합성으로 식물이 이용하며 식물체의 주 구성 성분이다.

$$6CO_2 + 6H_2O \xrightarrow{\text{빛}} C_6H_{12}O_6 + 6O_2$$

이런 영양소는 자연 공급되므로 따로 비료 영양분을 공급해줄 필요가 없지만 이산화탄소(CO_2), 물(H_2O), 빛이 불충분하면 식물성장이 느려지거나 저해된다. 따라서 비료 공급은 작물이 필요한 16대 영양소 중에서 비무기질 영양소를 뺀 13대 영양소를 공급해주는 일이다.

무기질 영양소 중에서 식물이 다량으로 많이 필요로 하는 원소인 질소(N), 인산(P), 칼륨(K), 칼슘(Ca), 마그네슘(Mg), 유황(S)을 다량원소라 불리고 철(Fe), 붕소(B), 아연(Zn), 망간(Mn), 몰리브덴(Mo), 염소(Cl), 구리(Cu)는 적은 양을 필요로 하여 미량원소라 불린다.

비료는 이런 성분을 공급해주기 위해 제조된 것이며 작물의 종류나 토양 상태에 따라 비료의 사용방법이 다르다. 그중에 질소(N), 인산(P), 칼륨(K)이 비료의 3요소라 불리는데 전 세계 화학비료 공장들은 주로 이 세가지 성분을 제조하기 위해 만들어졌다고 해도 과언이 아니다. 그만큼 작물이 가장 많이 필요로 하고 토양 안에서 쉽게 부족해지기 때문이다.

또한 이들 못지않게 다량으로 필요로 하는 칼슘(Ca)과 토양의 물리·화학적 또는 미생물적 성질을 개선하여 토양 비옥도를 증진시키는 부식(humus)을 더해서 비료의 5대 요소라 한다.

요즈음에는 고품질 작물생산을 요구하고 토양 내 칼슘, 마그네슘, 유황 성분이 많이 부족해지자 다량원소인 질소(N), 인산(P), 칼륨(K), 칼슘(Ca), 마그네슘(Mg), 유황(S)을 제조하는 비료회사들이 많아졌다. 미량원소 성분들은 건전한 토양 내에서는 작물이 필요한 양만큼 많은 양이 있어 부족하지는 않지만 일부 특정 작물에 특정 미량원소 결핍 증상이 나타나기도 한다.

예들 들어 블루베리 작물은 토양 산도가 pH 4.2~5.0 정도에서 잘 자라는 대표적인 산성 작물인데 토양 산도가 중성 이상에서는 블루베리 잎이 노란색으로 변하다가 심하면 흰색으로 변하게 되는데 이것은 철분 결핍 때문이다. 철분은 토양 산도가 산성일 때에는 유효도가 높지만 중성 이상

일 때에는 떨어져 블루베리는 철분 결핍증상을 보인다. 이럴 때에는 철분 관련 비료를 시비하여야 하고 토양산도를 떨어뜨려야 한다.

16대 영양소 이외 작물에 따라 또 다른 필요 원소가 있다. 예를 들면 벼, 밀, 보리, 옥수수, 잔디 등과 같은 화본과 작물은 규소(Si) 성분을 특히 많이 필요로 한다. 화본과 작물의 잎을 자세히 보면 유리침처럼 흰 것이 잎 표면에 많이 부착되어 있는 것을 볼 수 있다. 이것은 주로 규소 성분인데 화본과 작물은 어떤 성분보다 규소 성분을 많이 시비하여야 잘 자란다.

이와 마찬가지로 규소(Si) 이외에 니켈(Ni), 코발트(Co), 나트륨(Na), 셀레늄(Se), 알루미늄(Al), 스트론튬(Sr), 바나듐(V)등도 일부 식물체에 필수성이 인정되거나 또는 일부 생육환경 조건하에서만 식물의 생육에 유리한 작용을 하는 원소를 유익원소(beneficial nutrient)라고 부른다.

예를 들어 콩과 작물의 코발트, 사탕무우의 나트륨, 마늘의 셀레늄과의 관계가 유익 원소인데 이들 작물에 이런 성분들이 없어도 자라는 데에 큰 문제는 없지만 이런 성분이 토양 중에 있으면 더욱 더 잘 자라는 특성이 있다.

비료를 시용하는 것은 토양에 부족한 양분을 보충하여 작물이 이용할 수 있는 유효 영양소 함량을 높이기 위함인데 사람도 배가 부르면 아무리 많은 음식이 있어도 먹을 수 없듯이 작물도 토양에 아무리 많은 양분이 있어도 모두 다 흡수할 수 없어 비료시비량을 조절하여야 한다.

또한 사람도 음식을 골고루 먹어야 건강하듯이 작물도 영양소를 골고루 먹어야 건강하게 잘 자라기 때문에 비료의 종류도 골고루 뿌려야 한다. 달리 말하면 작물에게 편식을 시키면 여러 부작용이 뒤따른다는 말이다.

작물체내의 필수 영양소 함량을 분석하기 위해서는 작물체를 건조시킨

후 화학적인 처리를 거쳐 작물 성분 분석용 장비로 분석하는 데 작물의
전형적인 필수 영양소 함량은 다음 표와 같다.

다량 원소	흡수 형태	건물중 함량 (%)	미량 원소	흡수 형태	건물중함량 (mg/kg)
수소(H)	H_2O, HCO_3^-	5~6	염소(Cl)	Cl^-	50~200
탄소(C)	CO_2, HCO_3^-	40~45	붕소(B)	BO_3^{3-}, $B_4O_7^{2-}$	5~50
산소(O)	O_2, H_2O, CO_2	45~50	철(Fe)	Fe^{2+}, Fe^{3+}	30~150
질소(N)	NO_3^-, NH_4^+	0.5~5.0	망간(Mn)	Mn^{2+}	15~100
칼륨(K)	K^+	1.0~3.0	아연(Zn)	Zn^{2+}	10~50
칼슘(Ca)	Ca^{2+}	0.2~3.0	구리(Cu)	Cu^{2+}, Cu^+	5~15
마그네슘(Mg)	Mg^{2+}	0.1~1.0	몰리브덴(Mo)	MoO_2^-	1~5
인(P)	$H_2PO_4^{2-}$, HPO_4^{2-}	0.1~0.4	니켈(Ni)	Ni^{2+}	1~5
황(S)	SO_4^{2-}	0.1~0.2			

표 1. 식물체 중의 전형적인 필수영양소의 함량[1]

이런 데이터를 보면 다시 한 번 더 "농사는 하늘이 짓는다."라는 말을 실
감한다. 왜냐하면 탄소, 수소, 산소는 물과 공기에서 공급되고 사람의 손
을 떠난 하늘의 손에 달려 있기 때문이다.

여기에서 어떤 물질의 100분의 1은 1%이고 1,000,000분의 1은 1ppm이
다. 1%는 10,000ppm과 같은 양이다. 따라서 작물체 내 수소, 탄소, 산소
의 양은 약 95% 이상이고 다량원소는 2~5% 정도이며 미량원소는 0.1%
도 채 되지 않는다. 이해를 돕기 위해 미량원소 몰리브덴 1 원자에 대응하
는 필요 질소는 약 1백만 개 정도이다.

---

1) 〈토양학〉, 2006, 김계훈 외, 향문사

지금까지 현대 과학으로 밝혀진 자연계 원소는 118종 정도이고 식물체 내에는 약 60여종이 발견되었다. 향후 과학 발전으로 더욱더 많은 종류의 원소가 추가로 발견될 것으로 예상되며 거기에 따라 작물의 필수원소도 추가적으로 밝혀질 것으로 사료된다. 이렇듯 현대 과학의 분석 장비로는 자연계 모든 화학원소를 밝히는 것은 불가능하기 때문에 농부는 건강한 토양 속에 다양한 작물의 필수원소가 있음을 인식하고 건강한 토양 만들기를 게을리 해서는 안 된다.

필자의 생각은 현대 과학의 분석장비를 통해 분석한 성분만으로 작물의 필수 원소를 규정한다는 것은 장님이 코끼리 다리를 만지는 격이 아닐까 싶다. 물론 작물의 필수 원소 분석을 통해 다량원소와 미량원소를 구분한 것은 과학적으로 위대한 발견이고 눈부신 성과라 할 수 있다. 하지만 지금까지의 과학기술로는 알 수 없는 그 무언가는 반드시 있을 것이고 그것이 작물 생산성을 크게 향상시킬 것으로 사료되고 미래 식량문제를 해결할 것으로 사료된다.

- 작물체 양분 흡수 형태

비료나 유기물을 토양에 시비하였을 때 작물은 그대로 이용할 수 없다. 식물이 무기 양분을 흡수하기 위해서는 양분은 반드시 이온화되어야 한다. 예를 들어 요소(NH_2CONH_2)비료를 토양에 시비하면 작물은 요소비료 알갱이 자체를 흡수하는 것이 아니라 토양 수분에 의해 녹은 요소비료가 암모니아성 질소 이온(NH_3^+)을 먼저 흡수하고 토양 미생물 작용으로 질산성 질소 이온(NO_3^-)을 나중에 흡수한다.

퇴비도 마찬가지이다. 퇴비를 토양에 뿌리면 퇴비 자체를 작물은 흡수할 수 없다. 흙 속의 미생물이 공격하여 퇴비가 분해되고 퇴비가 분해되면서 각종 화학성분들이 떨어져 나오는데 화학성분은 다시 이온화가 되어야 작물 뿌리가 흡수한다. 따라서 유기질 비료든 화학비료든 간에 최종적으로 식물이 흡수하는 것은 이온화된 영양분만을 흡수한다.

이온화된 영양분은 시중 판매되고 있는 이온 음료처럼 물속에 이온들이 녹아 있다는 것이다. 작물은 이러한 이온화된 양분을 화학비료의 무기태 양분이나 유기질 비료의 유기태 양분을 똑같은 형태로 흡수하기 때문에 작물의 영양 공급 면에서는 유기질 비료가 화학비료보다 더 우수하다고 말할 수 없다.

오히려 화학비료가 작물 이용을 빨리 할 수 있도록 비료공장에서 여러 가지 화학과정을 거쳐 만든 제품이어서 영양 공급 면에서는 화학비료가 더 우수하고 퇴비와 같은 유기질비료는 영양공급보다는 토양의 물리성개선, 미생물 활성에 기여하는데 더 유리하다. 서로 역할이 다르다니까 화학비료는 나쁘고 퇴비는 좋다는 일방적인 견해는 올바르지 않다.

작물은 어떻게 자랄까?

대부분의 농민들은 작물은 비료나 퇴비에 의해 성장한다고 생각하고 있다. 물론 이 말도 틀리지는 않지만 비료나 퇴비의 역할은 매우 적다. 대부분의 작물은 약 75%이상이 수분이고 나머지는 고형분인데 이런 수분을 모두 건조시켜 완전 건조된 고형체를 분석하면 탄소, 수소, 산소가 약 95% 이상이고 나머지 5% 미만이 비료성분인 무기질 성분이다.

옛날 사람들은 동물이 먹이를 먹듯이 식물도 흙을 먹고 자란다고 생각했다. 1648년 네덜란드의 헬몬트는 이와 같은 생각으로 2kg 정도의 버드

나무를 90kg 흙이 담긴 용기에 넣어 5년 동안 물을 주고 재배하였다. 5년 후 버드나무 무게는 75kg이 되었지만 흙의 무게는 거의 줄어들지 않았다. 그래서 헬몬트는 식물은 흙을 먹고 자라는 것이 아니라 물을 먹고 자란다는 결론을 내렸다.

하지만 헬몬트의 실험은 당시 일반 사람들의 고정관념을 바꾸는 데에는 일조하였지만, 식물은 물만 먹고 자라는 것이 아니고 물과 이산화탄소 및 빛 에너지를 이용한 광합성을 통해서 식물은 자란다 라는 것을 훗날 과학자들이 연구를 거듭해서 알게 되었고 또한 물속에 녹아 있는 무기양분도 함께 흡수하여야 성장할 수 있다는 것을 알게 되었다.

식물은 주변에 있는 자연 자원으로부터 필요한 영양분을 스스로 합성하여 스스로 성장이 가능하지만 동물은 스스로 자연 에너지를 이용하지 못하여 외부로부터 음식물을 공급받아야 한다. 이런 것을 보았을 때 식물이 동물보다 월등한 생존 능력과 고등한 조직 구조를 가졌다고 말할 수 있다.

저 들에 핀 들꽃은 어린 씨앗에서부터 발아한 후 스스로 성장하여 꽃을 피우고 다시 씨앗을 만들어 앞으로 연속적인 삶을 영위할 수 있는 데 들꽃처럼 어린 아이를 들판에 내버려둔다면 과연 홀로 살 수 있을까? 늑대가 데려다 키우면 괜찮기도 하다. 식물보다 사람이 월등한 존재로 여기는 인식은 잘못되었다.

다시 식물의 광합성 식을 적어 보면 다음과 같다

$$CO_2 + 6H_2O \rightarrow C_6H_{12}O_6 + 6O_2$$

식물은 낮에 이산화탄소, 물, 햇빛을 이용하여 포도당($C_6H_{12}O_6$)과 산소를 만들어내는 데 포도당은 다시 물에 녹지 않는 녹말로 전환되어 잎에 잠시 저장된다. 밤이 되면 낮에 저장해놓은 녹말을 물에 잘 녹는 포도당 형태로 다시 전환하여 식물의 체관을 통해 뿌리, 줄기, 열매 등 각 조직으로 이동시킨다.

　운반된 양분은 식물이 살아가는 데 필요한 에너지를 얻는데 이용되거나 식물체 몸을 형성하는 데 쓰이며, 남은 양분은 저장 기관에 저장된다. 예를 들어 벼나 감자는 녹말 형태로 저장되고 사탕수수나 사탕무는 설탕 형태로 저장되며 콩은 단백질 형태로, 참깨와 해바라기는 지방 형태로 저장된다.

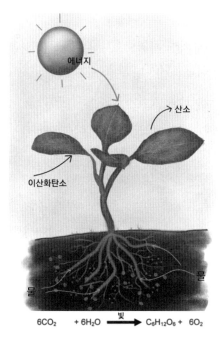

$$6CO_2 + 6H_2O \xrightarrow{\text{빛}} C_6H_{12}O_6 + 6O_2$$

그림 5. 식물은 광합성을 통해 자기 몸집을 만들고 살아간다. 이 지구상의 녹색을 띠고 있는 식물들은 모두 자연에서 가져온 광합성산물의 결과물이다.

여기에서 광합성 원료 물질만으로는 식물은 자라지 못한다. 뿌리로부터 질소, 인, 칼륨 등과 같은 필수원소들이 물과 함께 식물체 안으로 들어와야 정상적인 생육을 할 수 있다. 예를 들어 햇빛을 받아들여 광합성 반응이 일어나는 엽록소의 분자식은 $C_{55}H_{72}O_5N_4Mg$으로 탄소, 수소, 산소(C, H, O) 이외 질소(N)와 마그네슘(Mg)이 필요하다.

엽록소의 광합성으로 생성된 포도당($C_6H_{12}O_6$)은 뿌리로부터 흡수된 질소 성분과 결합하여 식물 조직의 단백질과 아미노산을 만들어 식물의 잎이나 줄기가 성장한다. 아미노산(NH_2CHR_nCOOH)은 20여 종류(R_n)가 있는 데 단백질은 이런 아미노산이 합성되어 만들어진다. 더 자세히 설명하면 아미노산 여러 개가 결합된 것을 폴리펩타이드라 하며, 이 폴리펩타이드 사슬이 길어져서 아미노산의 단위가 50여 개 이상 된 것을 단백질이라고 한다. 따라서 단백질과 아미노산 합성을 위해서는 질소 성분이 반드시 있어야 한다.

식물의 광합성 과정 중 에너지 전달물질인 ATP(adenosine triphosphatene)의 분자식은 $C_{10}H_{16}N_5O_{13}P_3$으로 탄소, 수소, 산소(C, H, O) 이외 질소(N)와 인(P) 성분이 필요하다. 기타 작물의 필수원소는 각 조직 기관의 생명현상 유지에 절대적으로 필요하기 때문에 그 성분들이 토양에 부족하면 반드시 외부에서 비료로 공급해주어야 한다. 예를 들어 작물체 내 질소와 마그네슘이 부족하면 엽록소 생성이 안 되며 질소와 인 성분이 부족하면 ATP 생성이 안 되어 작물 생육에 문제를 일으키기 때문이다.

또한 작물은 75% 이상이 물로 구성되어 있기 때문에 작물 생육 관리는 물관리라고 해도 과언이 아니다. 농사를 짓거나 집안 화초를 키울 때에는 제일 먼저 물에 관심을 두어야 한다. 내 농작물에 주는 물이 오염되어 있거나 소금기가 많고 염소가 많은 수돗물을 계속 주면 작물체 전체 중량 75%를 처음부터 문제 있게 만들어 버리기 때문에 아무리 후속 작업을 잘 한다 하더라도 작물은 잘 자랄 수 없다.

지구상의 광합성 생물들은 매년 2,500억 톤 이상의 탄수화물을 생산하여 지구 온난화 가스인 이산화탄소를 흡수하고 사람이나 동물들의 호흡에 필요한 산소를 내어주며 매년 전 세계 곡물 25억 톤 정도 생산하여 전 인류를 먹여 살리고 온 산과 들판에 풀과 나무를 키워내고 있다. 그래서 지구상의 식물이 없다면 지구 온난화 문제와 산소 부족으로 그 이상의 진화된 생물은 생존할 수 없다.

대기 중에 있는 산소가 그냥 만들어진 것이 아니고 식물의 광합성을 통해 만들어진 것이기 때문에 작물을 키우는 농부는 자연을 통해 농사를 짓는 것이며, 다만 사람은 자연에서 부족한 일부만을 채워주어 자연이 직접 농사지은 농산물 일부를 얻는다는 것을 인식하여야 한다. 또한 농부는 작물 재배를 통해 이산화탄소를 줄이고 산소를 보태주기 때문에 이 지구상의 어느 직업보다 귀중하고 소중함을 알아야 하고 인정해주어야 한다.

작물의 성장은 어떻게 할까?

작물은 영양성장과 생식성장으로 나누어 성장한다. 영양성장은 열매나 씨앗을 만들기 위해 작물의 몸집을 만드는 과정이고, 생식성장은 만들어진 몸집을 이용하여 꽃을 피워 열매를 맺는 시기이다. 사람도 청소년기에 폭풍 성장하다가 어느 정도 나이가 들면 더 이상 자라지 않듯이 작물도 영양 성장기 때에는 잎과 줄기가 아주 빠르게 자라다가 꽃과 열매가 달리면 잎과 줄기의 성장은 무디게 되고 작물은 다음 세대(F1)를 퍼뜨릴 준비를 한다.

영양성장기 때에는 몸집을 키우는 질소질 비료가 많이 필요한데 이 시기에 기온이 낮거나 토양이 건조하고 질소 비료를 적게 뿌려 작물이 질소 성분을 필요한 양보다 적게 흡수하게 되면 생존 위협을 느낀 작물은 스스로 몸집을 키우는 영양성장을 단념하고 생식성장으로 넘어가 꽃눈을 형성시켜 때론 너무 일찍 꽃을 피우기도 한다. 그러면 부실한 열매가 달려 한 해 농사를 망치는 경우도 있다. 또한 이 시기에 너무 많은 양의 질소 비료를 뿌려주어 작물이 질소 성분을 과다하게 흡수하거나 햇빛 부족으로 인한 광합성 불량으로 탄수화물이 작물체내에서 부족하게 되면 작물은 웃자라게 되고 심한 바람이 불면 넘어지고 병해충에 취약하게 된다.

영양성장에서 제일 중요한 것은 작물의 잎이다. 잎은 광합성을 하여 탄수화물을 생산하는 공장이기 때문이다. 또한 잎은 뿌리로부터 올라온 무기 양분들을 꽃과 열매로 이동시켜 개화 결실에 필요한 양분을 공급한다. 잎이 없으면 열매도 없다. 그래서 농사의 기본은 잎 농사를 잘 지어야 열매 농사가 잘된다.

생식성장기 때에는 잎의 성장을 둔화시키고 개화와 결실이 이루어지는 시기이어서 질소질 성분은 적게 필요하고 칼리, 칼슘 등과 같은 성분이 많이 필요하다. 이 시기에 질소질 비료를 많이 시비하면 작물은 계속 성장하기만 하고 과실의 생육은 불량하게 된다. 그렇다고 질소 성분이 적으면 잎의 성장은 둔화되어 잎에 의한 광합성 산물이 적어 결국 열매는 부실해진다. 이 시기에는 날씨가 좋아야 열매가 잘 맺는 데 햇빛이 적으면 잎에서 광합성이 현저히 떨어지고 그 결과로 과실의 착색이나 열매 성숙에 필수적인 탄수화물이 부족하게 된다. 또한 이 시기에 작물의 당도나 맛을 좋게 하기 위해서 유황 비료를 살포하는 것이 좋다.

작물은 성장단계에 따라 필요로 하는 양분 양과 양분성분이 다르다. 각 작물의 종류에 따라 서로 다르기 때문에 자기가 경작하고 있는 작물의 양분흡수특성을 잘 파악하여야 한다. 그렇게 하여야만 고품질 농산물을 생산할 수 있다.

작물에게 필요한 다량원소

물과 공기로부터 얻는 다량원소 : 탄소(C), 산소(O), 수소(H)

유기물 구성물질 중 대부분을 차지하고 있는 탄소는 작물의 광합성을 통해 대기 중에 있는 이산화탄소를 이용하여 유기물을 생성한다. 대기의 구성성분은 질소 78%, 산소 21%, 아르곤 0.93%, 이산화탄소0.04%, 기타 0.03% 정도이다. 식물은 광합성을 통해 대기 중의 이산화탄소와 뿌리에서 흡수한 물과 함께 빛 에너지에 의해 탄수화물인 포도당을 합성하고 산소를 배출한다.

식물체 구성성분 중 탄소, 산소, 수소 성분은 전체 함량 대비 약 95~97% 이상을 차지할 정도로 대부분의 식물 몸체의 구성물이어서 식물이 자라는 주변 자연환경은 식물 생육에 가장 많은 영향을 미친다. 그 밖에 다량원소인 질소, 인, 칼륨, 칼슘, 마그네슘, 황이 약 3~4 % 정도, 미량원소인 철, 아연 , 붕소 등이 약 1~1.5% 들어 있어 있다. 이런 광합성 과정이 이 지구상에서 문제가 발생된다면 지구상의 생물은 사라질 것이다. 그만큼 지구상의 생명체는 자연환경에 지배를 받으면서 살아가고 있고 또한 자연의 일부분으로 다 함께 같이 살고 있다.

대기 중에 이산화탄소 함량이 높으면 광합성량이 높아 일반적으로 작물 수확량은 증가하지만 네이처지에 발표한 논문을 보면 현재 대기중 이산화탄소 농도 380~390ppm에서 재배한 곡물과 2050년 예상되는 545~585ppm의 조건하에서 재배한 결과 높은 농도에서 자란 밀은 아연 9%, 철분 5%, 단백질 6%가 감소했고 쌀은 아연 3%, 철분 5%, 단백질 8%가 감소했으며 옥수수 역시 비슷한 감소율을 보였다. 전 세계적으로 철분 및 아연 결핍에 시달리는 인구는 약 20억 명에 육박한 현 시점에서 이산화탄소 증가는 이런 문제를 더욱 악화시킬 것이라고 주장하였다.[2]

하지만 밀폐된 온실에서 작물체 수가 너무 많아 광합성에 필요한 이산화탄소 양이 부족할 때에는 인위적으로 탄산가스를 보충하여 주면 작물 생육이 빨라지고 작물 생체량도 증가하여 전체적으로 수확량이 늘어나는 긍정적인 효과가 있지만 야외에서는 인위적인 탄산가스 공급은 거의 하지 않는다.

그만큼 작물은 자연환경에 지배를 받으면서 살고 있기 때문에 자연환경 변화에 세심한 주의를 기울여야 한다. 작물체가 이용하는 탄소는 대기 중 이산화탄소에서 오고, 산소는 대기 중 산소와 토양 속 물에서 오고, 수소는 토양 중 물에서 온다.

식물체의 뼈대인 세포막은 탄소, 수소, 산소(C, H, O)로, 세포질의 주요 무기성분인 단백질은 탄소, 수소, 산소, 질소(C, H, O, N)로, 그리고 세포핵의 대부분 탄소, 수소, 산소, 질소, 인(C, H, O, N, P)으로 구성되어 있고 세포 내용물의 대부분을 차지하는 탄수화물과 지방은 탄소, 수소, 산소(C, H, O)로 구성되어 있다. 식물은 잎에서 흡수한 이산화탄소와 뿌리에서 흡수한 물을 원료로 광합성 작용을 통하여 당을 합성하고 그것을 식물체의 각 부분에 이동하여 다시 셀룰로오스, 리그닌 등이 다량으로 만들어져서 식물의 도복 및 병충해에 대한 저항성도 증가된다.

반대로 당은 또 분해되어 다시 에너지의 원천이 되는데 이 에너지는 식물체에서 단백질, 전분, 셀룰로오스 등 식물의 생명을 유지하는데 사용된다. 이와 같이 작물들은 여러 가지 성분(양분)으로서 합성된 물질들의 생리작용에 충당되고 남은 량은 그 자체로 또는 변형된 물질로서 작물의 종실이나 뿌리나 줄기 등에 저장된다.[3]

---

2) Nature 510, 139–142(2014), Increasing CO^2 threatens human nutrition, Samuel S. Myers 외
3) 농촌진흥청 농업과학기술원, "작물의 생리 및 결핍 증상" 자료 인용

<u>토양으로부터 얻는 다량원소 : 질소, 인, 칼륨, 칼슘, 마그네슘, 황</u>

비료의 3요소: 질소, 인산, 칼륨을 "제 1차 필수 3요소: 질소, 인산, 칼륨"

작물의 다량원소 중 비료의 3요소인 질소, 인산, 칼륨은 일반 작물이 300평당 5~15kg을 흡수되는 원소로서 작물이 많은 양을 요구하여 보통 토양 내에서 많이 부족하므로 외부에서 영양분을 공급하여 주어야 한다. 전 세계 화학비료공장은 질소, 인산, 칼륨 성분을 제조하기 위해 현재 가동 중에 있으며 작물에 따라 이 세 성분의 비율을 조절하여 다양한 종류의 비료를 생산하고 있다.

표 2. 제 1차 필수 3요소

성분	역활	결핍증상
질소	– 아미노산, 단백질 구성원소 – 엽록소, 광합성, 효소작용, 세포분열, 　호르몬 생성 등에 관여 – 생육을 촉진하고 양분흡수, 동화작용을 　왕성하게 함	– 잎이 노랗게 되고 생육이 　빈약함 – 종실의 성숙이 빨라지고 　수량이 적어짐
인산	– 핵산, 효소의 구성요소 – 광합성, 호흡작용, 당대사작용에 관여 – 분열, 뿌리신장, 개화, 결실 촉진	– 잎이 비틀어지고 자색을 띰 – 분얼이 적고 개화결실이 　나빠짐 – 과실류는 당도가 떨어지고 　품질이 나빠짐
칼륨	– 세포내 신진대사 과정 중 촉매 작용 – 40종 이상의 효소에서 보조인자로 필요함 – 광합성과 탄수화물 축적에 관여 – 식물체 수분 및 기공 개폐 조절 – 병해충 저항성 증대	– 황화와 백화현상 발생 – 잎이 축 늘어지고 냉해, 　병해에 민감함

질소(Nitrogen)

질소는 아미노산, 단백질, 핵산등과 같은 중요한 유기화합물을 구성하는 가장 필수적인 원소로서 무기태에서 유기태로 전환된다. 또한 엽록소 합성에 있어서 필수적이고 광합성에도 관여한다. 질소나 엽록소가 부족하면 작물은 에너지 공급원인 햇빛을 이용하지 못하여 양분 흡수와 같은 기본적인 중요한 기능을 수행하지 못하게 된다. 질소는 뿌리에서 흡수된 후에 식물의 도관부를 통과하여 지상부로 이동된다.

광합성이 잘되는 환경조건하에서 질소와 유기산이 결합하여 아미노산이 되고, 여러 종류의 아미노산들이 축합 결합하여 단백질이 된다. 그 결과 작물의 줄기와 잎의 생육이 촉진되고 엽록소 함량이 증가하여 잎 색깔이 진한 녹색이 되고 광합성 능력도 향상된다.

식물체 내 질소 함량이 적절한 잎은 엽록소의 높은 농도로 진한 녹색을 띠지만 영양 용액 중에서 뿌리에 공급되는 질소가 적당하지 않으면 노엽 중의 질소는 어린 잎 쪽으로 이동하고 노엽은 질소 결핍증(황백화현상)을 나타내다 시일이 경과되면 지상으로 떨어진다. 질소가 결핍된 식물은 영양생장기가 짧아 성숙시기가 짧게 되어 빨리 열매 결실을 맺는다. 식물은 건물당(乾物當) 약 2~4%의 질소를 함유하고, 약 40%의 탄소를 함유한다.

질소비료의 시비량과 시비 시기는 작물의 생육과 수량에 많은 영향을 미친다. 예를 들어 벼를 보면 논에 벼 모종을 심고 벼 뿌리 3~5개에서 20~25정도로 분얼이 되는 분얼기(벼 모종 이앙 후 약 한 달)까지 질소 비료 전체 소요량 중 약 50~70%가 필요한데, 이 시기에 질소 성분이 부족하면 벼 이삭이 달리는 이삭줄기 확보가 어려워 다수확이 어려워진다. 하지만 유효분얼(벼 이삭이 달리는 줄기)이 끝난 후 무효분얼(벼 이삭이 달리지 않는 헛가지)이 시작되면 질소 성분이 필요하지 않아 논바닥에 금이 갈 정도로 물을 뺀다.

그 후 무효분얼이 끝나면 물을 댄 후 일정기간이 되면 벼 이삭이 벼 몸집에서 생기기 시작하는데 이 시기를 유수형성기라고 하는데 이 시기에도 질소 성분이 많이 필요하여 농민들은 이 시기에 이삭거름은 질소-칼리(NK) 비료를 뿌린다.

벼 이삭이 벼 몸집에서 나와 이삭이 바깥에서 보이는 시기인 벼 출수기 때에 질소 비료를 주면 벼 등숙(벼 알갱이 여물어지는 정도)이 잘 되어 벼 수확량이 많아진다. 하지만 요즈음은 등수기 때 비료를 주면 쌀에 단백질 함량 증가에 미질이 떨어진다는 이유와 태풍에 의한 도복 우려로 이 시기에는 주로 비료를 주지 않는다.

질소가 작물의 성숙과 수량에 미치는 영향을 보면 보리, 밀, 귀리, 호밀 등 온대성 C_3 화곡류는 질소 함량이 높으면 경엽의 생장이 너무 지나치게 많아 도복되기 쉽고 옥수수, 수수 등 열대성 C_4 화곡류는 질소함량이 높으면 개화 및 성숙이 빨라지고 질소 과잉의 해는 적다. 벼는 C_3 화곡류와 C_4 화곡류 중간 정도에 있다.[4]

따라서 질소 성분은 작물의 수확량과 직결되기 때문에 농민들은 가장 선호하는 비료 성분이지만 작물의 생육 및 양분흡수 특성에 알맞게 시비량과 시비시기를 결정하여 시비하여야 한다.

---

4)「삼고 작물 생리학」, 변종영 외, 향문사, 2014, pp78~79

인산(Phosphorus)

식물이 씨앗에서 발아하여 다시 씨앗을 맺는 정상적인 라이프(Life) 사이클을 완성하기 위해서는 인산을 반드시 가지고 있어야 한다. 식물은 인산을 주로 $H_2PO_4^-$ 이온으로 흡수하고 HPO_4^{2-} 이온은 소량으로 흡수한다. 식물이 성장할 때에는 주로 인산은 새로운 잎줄기(young plants)에서 가장 많이 존재한다.

식물의 조직 중에서 오래된 것에서부터 인산이 새로운 조직으로 쉽게 이동하기 때문에 인 결핍은 대부분 식물의 밑부분에서 주로 나타난다. 식물이 성장하면 대부분의 인은 씨앗이나 과실 쪽으로 이동하게 된다.

인산은 식물체 내에서 광합성, 호흡작용, 에너지 저장 및 이동, 세포 분화, 세포 성장 등에 중요한 역할을 한다. 또한 식물의 초기 뿌리 형성과 성장에도 도움을 준다고 알려져 있다. 인산은 과일, 채소, 벼, 보리의 품질을 높여주고 씨앗 형성에 필수적이다.

인 성분은 산성 토양에서는 철, 알루미늄, 망간 등과 결합하고 알칼리 토양에서는 칼슘과 결합하여 작물이 이용할 수 없는 불용태로 변하여 작물의 인산 성분을 이용 효율을 증진시키기 위해 토양 pH를 약 6.5 정도 유지시켜야 하고 이때에도 작물의 인산 성분 이용효율은 약 25% 정도로 낮은 편이다.

인산은 작물의 핵산 구성성분으로 세포분열과 생장에 필수적이며, 세포막을 구성하고 있는 인지질에도 들어 있으며 작물의 호흡작용으로 당분해와 전분 합성에서 당인산을 형성하고 ATP, NADP 등의 구성성분으로 모든 대사작용에서 에너지 공급과 수소전달에 관여한다.

인산이 결핍되면 식물의 RNA 합성의 감소로 인해 단백질 합성에 영향을 끼치고, 영양생장이 감소된다. 특히 뿌리가 제한을 받아 줄기는 가늘고 키가 작아진다. 곡류에서는 분얼이 안되고 과수에서는 신초(新鞘)의 발육과 화아(花芽)의 발달이 불량해지며 종실의 형성이 감소한다.

일반적인 인산 결핍 증상은 잎 모양이 비틀어지고 노엽은 암녹색을 띠고, 일년생식물의 줄기는 자주색을 띠며, 과수의 잎은 갈색을 띠고 일찍 낙엽이 된다. 곡류와 목초는 영양생장기에 적당한 인산 공급을 받으면 인산 함량이 건물당 약 0.3~0.4%가 되지만, 인산이 결핍될 때에는 약 0.1% 또는 그 이하로 된다.

칼륨(Potassium)

칼륨은 질소나 인과는 달리 식물체내에서 유기화합물을 형성하지 않고, 식물체내에서 일어나는 여러 가지 신진대사 과정 중에 촉매작용을 하고 있어 세포분열이 왕성한 부분에, 또는 탄수화물의 생성 혹은 증감이 되는 부분에 많이 함유되어 있다.

칼륨의 기능은 광합성 작용에 중요한 역할을 하고 식물 성장에 필요한 에너지를 공급하는 공정에 관여하여 생장호르몬 생성에 효과적으로 작용하며 세포질 내 존재하는 각종 효소를 활성화시키고 식물체 내 수분 조절 작용으로 질병과 추위에 대한 내성을 가지게 한다. 또한 식물체 기공 개폐 공정은 기공 주위에 둘러 쌓인 세포내 칼륨 농도에 의해 조절된다.

작물 재배 시 칼륨 비료를 적절하게 시용하면 작물의 광합성 효율이 높아지며 광합성을 통해 얻어진 광합성산물을 작물체내 이동을 좋게 하여 작물 수확량이 증대되고, 병해충에 대한 저항을 높여 주며 세포벽 구성물질을 많이 생성시켜 줄기를 튼튼하게 만들어 도복이 잘 일어나지 않게 한다.

칼륨 이온(K^+)의 결핍 증상은 직접 눈에 띄게 잘 나타나지 않으나 생장이 감소하고 후기에는 황화현상과 백화현상이 나타난다. 이와 같은 증상은 노엽에서 나타나기 쉬운데, 이는 노엽 중에 칼륨 이온이 어린잎으로 이동하기 때문이다. 칼륨 이온이 결핍된 식물은 팽압의 저하로 식물체가 축늘어지고 냉해, 병해, 염해에 민감한 반응을 보인다.

제 이차 필수 원소(Secondary Nutrients) : 칼슘, 마그네슘, 황

작물의 다량원소 중 이차원소(Secondary Nutrients)는 작물 성장에 있어서 중요한 역할을 하며 일반 작물이 300평당 1~5kg 정도 흡수되는 원소이다. 일반적으로 다량원소 중 이차원소는 칼슘, 마그네슘, 황 성분을 일컫는다.

표 3. 제 이차 필수 원소

성분	역활	결핍증상	비고
칼슘	– 세포벽 구성 성분 형성, 식물체 구조 (plant structure)를 강하게 함 – 병해에 대한 저항력 증대 – 뿌리나 잎의 성장촉진 – 식물체 내 효소 활성화 – 식물체내 유기산(organic acids) 중화 – 산성토양 개량 (Mn, Cu, Al의 용해도와 독성을 감소) – 미생물 활성화	– 뿌리 성장 둔화 – 작물의 뿌리가 검게 변하고 썩게 됨 – 열매의 특정 부위 괴사	땅콩은 과량의 칼슘 요구
마그네슘	– 엽록소의 구성원소 – 식물의 신진대사 활성 – 식물체속에서 단백질이나 지방의 합성에 필요 – 식물체 속에서 인산의 이동을 도와줌	– 엽맥사이가 황화가 되고 심할 때에는 백화 현상 발생 – 벼는 암녹색 반점을 보이다가 심하면 한층 더 녹색을 띠며 줄무늬가 생김	마그네슘은 전분종자보다 지방 종자중에 약 2.5배 이상 함유
황	– 단백질 합성에 필수 성분 – 함함유 시스테인, 메티오닌등 아미노산 합성 – 딸기, 감귤등 품질과 당도를 높임	– 황은 식물체 내에서 이동이 잘 안되 결핍 증상은 어린 잎에서 백화 발생 – 질산염이 식물체 내 축적 – 광합성 저하로 당 함량 저하	매운 맛을 내는 파와 마늘은 휘발성 황을 함유

칼슘(Calcium)

칼슘은 작물의 세포벽 구성 성분으로 팩틴(pectin)과 결합하여 세포를 서로 결합하는 역할을 하여 세포분열과 세포 생장에 중요한 역할을 한다. 또한 작물체 외벽을 단단하게 하여 병해충 침입에 대한 보호막 역할을 하며 과실 내 칼슘 함량 증가로 저장성과 품질을 향시킨다.

칼슘은 식물체내 유독한 유기산이 있으면 칼슘염을 만들어 중화시켜 식물체내 pH를 조절하기도 하며, 뿌리혹박테리아의 질소 고정을 도우며 새로운 뿌리 성장을 돕는다. 또한 칼슘은 들깨, 콩류와 같은 유료작물에서 지방산 생산을 위한 필수적인 원소다. 칼슘이 부족하면 작물체 내 유기산 함량이 높아 산에 의해 조직이 파괴되어 표면이 짓물러지는 현상이 발생되어 사과는 고두병, 토마토는 배꼽썩음병이 발생한다.

또한 유류 작물인 땅콩은 지방산 생성이 부족하여 종자가 들어있지 않은 쭉정이가 발생된다. 칼슘은 세포분열에 관여하므로 뿌리 발근이 잘 되기 위해서는 토양 내 칼슘 함량이 부족하지 않도록 관리하여야 하며, 부족 시 세포 분열이 일어나는 뿌리끝, 줄기끝, 어린잎에서 결핍 증상이 나타난다.

마그네슘(Magnesium)

마그네슘은 약 10~20% 정도가 엽록체에 존재하는데 그 양의 절반은 엽록소를 구성하여 광합성에 직접 관여하고, 나머지 반은 엽록체 내에 유리 상태로 존재하여 효소의 활성을 조절한다. 그러나 대부분의 마그네슘은 식물체 액포에 존재하여 유기산이나 다른 무기 이온과 결합하여 염을 형성한다.

마그네슘은 식물세포에서 호흡, 광합성은 물론 DNA 및 RNA의 합성에 관련된 효소의 활성화에 관여하며 광인산화 과정 활성화에 관여한 모든 효소에 보조인자로 작용한다. 따라서 마그네슘은 식물체내에서 여러 가지 작용을 하고 있지만 대표적으로는 엽록소 구성성분으로 광합성에 관여하고 인산기 전달 반응에 참여하는 많은 효소의 활성화에 관여하여 인산의 체내 흡수 및 체내 이동에 관여한다.

마그네슘이 부족하면 식물체 잎맥에 황화 현상이 발생되고 심하면 백화 현상이 발생되어 결국은 잎에서 광합성 반응이 저하됨에 따라 작물 생장에 지장을 주며 조기 낙엽의 원인이 되기도 한다. 또한 열매는 정상적인 것보다 그 크기가 작게 달린다.

황(Sulphur)

황은 메티오닌(Methionine), 시스테인(Cysteine), 시스틴(Cystin)과 같은 황 함유 아미노산의 구성 성분으로, 이들 세 종류의 아미노산을 가지고 있는 단백질 합성에 필수적이다. 또한 비타민 H인 비오틴(Biotin)과 비타민 B1인 티아민 피로포스페이트(Thiamine Pyrophosphate)은 황을 함유한 비타민으로 황은 식물체 비타민 구성물질이기도 하다.

양파나 부추와 같이 매운 맛을 내는 알릴 설파이드(Ally Sulfide), 양배추, 배추, 무, 브로콜리 등과 같은 십자화과 작물에 많이 들어있는 글루코시놀레이트(Glucosinolate), 마늘, 양파에 많은 들어 있는 알리신(Allicin)에는 황 성분이 함유되어 있어 고품질 농산물 재배를 위해서는 황 함유 비료를 많이 살포하여야 한다.

황은 토양에서 SO_4^-로 산화된 후 뿌리에서 흡수되며, 공기 중에 있는 SO_2는 기공을 통하여 흡수되기도 한다. 예전에는 자동차나 공장에서 탈황 시설을 잘 갖추지 않고 황 성분을 대기 중에 노출을 많이 하였을 때에는 토양 중에 황 성분이 부족하지 않았으나 사회가 발달할수록 까다로운 대기오염물 배출 규제에 의해 현재 국내 토양은 황 성분이 부족한 수준으로 도달되어 황 성분이 들어 있는 비료를 추가적으로 시비하여야 한다.

황은 벗과〈콩과〈배추과 작물의 순으로 요구도가 크고 작물의 맛, 향, 당도 증진 효과가 있는 것으로 알려져 있다. 또한 토양 중에서 작물 뿌리에 의해 SO_4^- 형태로 흡수될 때 주변 양이온인 칼슘, 마그네슘, 칼륨도 함께 흡수하여 주변 양분 흡수에 도움을 준다.

작물의 황 대사는 질소고정과 관련이 있는데, 콩과 작물에서는 황 성분이 부족하면 뿌리혹박테리아에 의한 질소 고정이 감소된다. 그리고 철쭉, 블루베리 등 호산성 작물을 재배할 때에는 황이 함유된 비료를 사용하면 토양 pH를 낮추어 철 결핍을 방지할 수 있다.

황은 양분 공급 효과뿐만 병해충 방제 효과도 있어 농가에서는 친환경 농사를 짓기 위해 황 시용이 늘어나고 있다. 고대 그리이스와 로마에서는 곡식에 곰팡이병이 생기면 황을 시용하여 방제했다. 현재 알려진 농약 중에서 가장 오래된 종류다. 황은 진균 포자 생성을 막고 각종 진균병을 방제한다. 진균병을 치료할 수는 없어도 합성 살균제처럼 진균 병원체의 확산을 효과적으로 저지할 수 있다.[5]

---

5) 데이비드 디어도르프, 케서린 와즈워스, 『내 식물에게 무슨 일이 일어났을까?』,
안유정 역, 김영사, 2011, pp288-292

미량 원소 (Micro Nutrients)

표 4. 작물의 미량 원소

성분	역활	결핍 증상	비고
붕소	– 꽃가루 형성에 필수성분 – 씨앗이나 세포벽 형성에 관여 – 수분, 탄수화물, 질소대사에 관여	– 석회과다 시용에 의한 보리 불임현상 초래 – 어린잎은 기형적이고 주름살이 잡히고 때로는 두꺼운 형태로 자라고 진한 청록색 을 띰	포도의 화분발아 장애, 토마토, 사과등의 축과병 원인
염소	– 태양빛 조건하에서 식물체내 물의 화학적 분해작용 관여 – 광합성 중 명반응에 관여 – 물체 내에서 양이온 전달 관여	토양 중에서 염소 결핍은 거의 일어나지 않음	담배, 강낭콩, 포도, 토마토, 감자, 상추 등은 염소 독성에 약하므로 황산가리비료 시용이 효과적
구리	– 엽록소 형성에 필요 – 단백질대사와 탄수화물대사 작용에 관여 – 식물체 내 산화환원 반응에 촉매로 작용	– 곡류의 경우 잎끝이 백색이고 잎 전체가 좁아 진체 뒤틀려짐 – 마디 사이 생장이 억제되고 이삭 형성이 불량함	구리 결핍에 가장 예민한 작물은 시금치, 밀, 귀리 등
철	– 엽록소 형성에 촉매로 작용 – 식물체내 산소 운반에 관여 – 광합성작용의 전자전달	– 엽록소 형성이 안됨 – 엽맥과 엽맥사이에 황백화 현상 – 곡류의 경우 잎 상하로 노란줄과 녹색줄이 번갈아 발생	
망간	광합성 반응 중의 명반응에서 산소의 방출과 물의 광분해에 관여	엽맥에 따라 황백화가 일어나고 다갈색 반점이 생김	엽록체는 모든 세포기관 중에서 망간의 결핍에 가장 예민함
몰리브덴	– Nitrate 환원 효소의 합성과 작용에 필요 – 근류균의 질소 고정에 필요 – 무기태 인을 유기태인으로 전환하는 데 필요	보통 잎과 늙은 잎에서 황색 이 나타나며 잎 끝이 위쪽으로 말려 올라감	
아연	– 식물성장 물질과 효소 활성에필요 – 식물체 내 질소 대사작용에 관여	– 엽맥사이에 황백화현상발생 – 벼의 적고(赤枯) 현상	사과의 로제트 병 (잎이 오므라드는병)

미량 7원소는 작물필요량이 적으나, 부족하면 결핍증을, 과잉인 경우는 과잉증을 일으키는 요소로 적량 시비량의 폭이 매우 좁다. 일반적으로 300평당 10g~1kg 흡수되는 원소이다.

철(Iron)

철은 광합성, 호흡, 단백질 합성, 그리고 각종 효소작용에 관여하며 식물체 내 산소 운반에 관여한다. 철은 엽록소 구성 성분은 아니지만 부족하면 엽록소 생성이 어려워 황백화 현상이 일어난다.

보통 철은 작물에 따라 함유량이 다르지만 50~100ppm 정도 들어있다. 철은 작물의 잎에 많이 분포되어 있어 철의 최대 필요시기는 잎의 발달 최성기와 일치한다.

토양에는 철이 많은데 대부분 철은 토양에서 인산 또는 칼슘 등과 결합하여 작물이 이용할 수 없는 불용태 형태로 존재하고 일부 토양액 중에 녹아 있는 Fe^{2+}나 Fe^{3+}을 킬레이트 형태로 작물이 흡수하는 데 Mn^{2+}, Cu^{2+}, Ca^{2+}, Mg^{2+}, K^+, Zn^{2+} 등과 같은 이온이 많으면 경쟁적으로 흡수를 방해한다.

호산성 작물인 블루베리 나무, 철쭉나무, 녹차나무 잎에서 황백화 현상을 자주 볼 수 있는 데 이것은 토양 pH가 높아 토양 내에서 유효 철 성분이 많이 녹아 나오지 않고 작물이 철 성분 흡수가 부족하였거나 토양에 칼슘, 마그네슘 등과 같은 양이온 성분들이 많아 상대적으로 철 성분 흡수가 낮아 엽록소를 형성하는 과정(∂-aminolevulinic acid, proto-chlorophylide 형성)에서 철 성분 부족으로 엽록소 합성에 필요한 단백질을 충분히 공급하지 못하여 엽색이 황백화가 일어난 것이다.

붕소(Boron)

붕소는 세포신장, 핵산 합성, 호르몬반응, 막 기능 및 세포벽 합성에 중요한 역할을 한다. 세포벽의 목질화와 관계되거나 세포 내 다른 물질과 결합하고 있어 유관속식물에서는 필수원소이다.[6]

붕소는 당의 전이에 관여하고 세포분열과 세포벽의 미세구조에 매우 중요하며 예민하게 작용한다. 붕소는 BO_3^{3-}으로 흡수되며, 식물체 내에는 3~100ppm정도 들어 있다. 콩과 식물과 사탕무는 30ppm이 한계농도이고, 화곡류에는 5ppm이라 하는데, 한계농도가 식물에 따라 차이가 크다. 과잉증은 화곡류에서는 50ppm, 사탕무나 콩과 식물에는 보통 200~300ppm 이상에서 나타난다.[7]

붕소는 꽃가루 생산량을 증가시키고, 꽃가루 수명을 연장시키며, 꽃가루관 신장을 좋게 하여 수정 능력을 증가시킨다. 붕소는 외떡잎 식물보다 쌍떡잎 식물에서 요구량이 많은데, 쌍떡잎식물 중에서 배추과 작물의 요구량이 많다. 또한 붕소는 콩과작물의 뿌리혹형성과 질소고정을 촉진하는 효과가 있어 토양내 붕소 결핍이 되지 않도록 주의하여야 한다. 하지만 붕소 효과가 좋다고 하여서 일부 농가에서는 붕사비료를 구입하여 토양에 따로 시비하는 데 내 토양에 투입된 붕소 양을 조사할 필요가 있다.

일반 원예용 화학비료에는 보통 붕소 성분이 0.2~0.3% 정도 들어 있다. 이 비료를 해마다 사용하고 따로 붕사비료를 사용하게 되면 자칫 붕소 과잉 장애를 일으킬 수 있으니 주의하여야 한다. 과잉 증상으로는 잎에 갈색 반점이 생기거나 잎이 안쪽으로 오그라들고 나중에는 괴사 증상이 나타난다.

---

6) Shelp, B.J. 1993. Physiology and biochemistry of boron in plants. In boron and its role in crop production, U.C. Gupta, ed., CRC Press, Boca Raton, FL, pp. 53~85
7) 박권우, 김영식, 『양액 재배』, 아카데미 서적, 2003, pp39~42

아연(Zinc)

아연은 식물 호로몬인 오옥신의 전구물질인 트립토판(tryptophan)[8] 합성에 필요하고 , 각종 효소의 활성에 필요하며, 일부 식물에서는 엽록소 생성에도 필요하다. 아연은 구리와 같이 활성산소 제거효소인 Cu-Zn SOD(Cu-Zn SuperOxide Dismutase)의 구성분이고 알코올을 분해하는 ADH(Alcohol DeHydrogenase)의 구성분으로 작용하므로 탄수화물 대사, 광합성, 단백질 합성에 필수적이다.

아연이 부족하면 체내 성장 호르몬인 오옥신 생성이 잘 안되어 줄기의 생육이 억제되고, 잎의 크기가 작아지며, 황백화 현상이 일어난다.

국내 간척지 토양에서 아연 결핍에 의한 벼, 옥수수와 같은 볏과 작물에서 생육 피해를 종종 발견되는 데 엽맥에 따라 황색 줄이 생기고 잎에는 붉은 점이 나타나며 전체적으로 생육이 나빠진다. 이러한 이유는 간척지 토양의 pH가 알카리성이 대부분이어서 아연이 탄산칼슘 등과 흡착 결합되고 산성토양보다 토양 바깥으로 잘 녹아 나오지 않아 아연의 작물 이용 유효도가 떨어지기 때문이다. 이럴때에는 벼나 옥수수 모를 이앙하기 전에 황산아연 용액에 뿌리를 담근 후 심거나 황산아연을 약 $3kg/1,000m^2$을 시용하면 해결된다. 과수류는 잎이 오그라지고 작아지는 로제트 현상이 보이는 데, 특히 사과나 감귤나무에서 종종 발견된다.

---

8) 트립토판의 분자식은 $C_{11}H_{12}N_2O_2$으로 대부분의 단백질이 가수분해되면 얻어지는 소량의 필수 아미노산으로 식물세포 성장을 촉진하는 식물 호르몬인 오옥신(auxin)을 합성하는 데 필요하다.

망간(Manganese)

망간은 광합성 반응 중의 명반응에서 산소의 방출과 물의 광분해에 관여하여 망간이 부족하면 광합성이 잘 일어나지 않는다. 따라서 엽록체는 미량원소 중 망간 부족에 가장 민감하게 반응한다. 또한 망간은 IAA(Indole-3-acetic acid) 산화효소를 활성화시켜 식물체 체내에서 IAA 함량을 조절하여 식물 생장, 꽃눈 형성, 화분의 발아, 뿌리 형성 등에 관여한다.[9] 부족하면 엽록소 함량과 광합성 능력이 감소하고 탄수화물, 단백질 및 비타민 C 함량이 떨어진다.

구리(Copper)

구리는 엽록체에 대부분 함유되어 있는 데 산화 효소 활성화 및 광합성의 명반응 중 전자전달계에서 전자를 전달하는 플라스토시아닌(Plastocyanin)[10]의 구성성분으로 관여하고 식물 뿌리 주변 뿌리혹박테리아 형성에 간접적인 역할을 한다. 또한 구리는 식물이 상처가 났을 때, 과일 상처 부위의 갈변, 병원균의 생장을 억제하는 항생제 물질인 파이토알렉신(Phytoalexin)의 생성에 관여하여 식물의 상처 부위를 치료해주는 역할을 한다.

구리가 결핍되면 잎에서 백화현상이 발생되며 잎 전체가 좁아지고 뒤틀어지며 꽃가루 수정이 잘 되지 않는다.

---

9) 변종영 외, 『삼고 작물생리학』, 향문사, 2014, pp87-88
10) 플라스토시아닌(Plastocyanin)은 식물의 광합성 중 명반응이 일어나는 엽록체의 틸라코이드막에서 전자 운반체의 역활을 하는 청색 단백질을 말하며 플라스토시아닌의 구리 이온이 2가 상태에서는 푸른색을 띠기 때문에 푸른 구리단백질이라 부른다.

몰리브덴(Molybdenum)

몰리브덴은 작물의 필수 원소 중 가장 적게 필요한 원소이며 대략적으로 식물체 중 건물 기준으로 1mg/kg 이하이고 대개 잎 중의 함량이 0.1~1mg/kg 이하이면 결핍 증상을 나타난다. 생리적 기능으로는 질소 대사와 관련이 있는 효소에 함유되어 있다.

작물 뿌리에서 질산(NO_3^-)이 흡수되면 질산환원 효소(Nitrate reductase)에 의해 아질산(NO_2^-)으로 환원되고, 이것이 다시 암모니아(NH_3) 형태로 환원된 다음 작물 조직에 동화된다. 몰리브덴은 이때의 질산환원 작용을 조절하는 효소의 구성성분이다.[11]

대기 중의 유리 질소를 고정[12]하여 식물에게 질소원을 공급해주는 미생물이 있다.

이들은 주로 콩과 작물의 뿌리에 공생하는 뿌리혹박테리아와 토양 속에 있는 아조토박터(Azotobacter), 클로스트리듐(Clostrium), 방선균과 남조류의 일부이다. 이들이 공기 중의 질소를 고정하여 작물이 이용할 수 있는 암모늄 이온 형태로 전환시키기 위해서는 질소고정효소(Nitrogenase)가 필요한 데 몰리브덴은 철과 함께 이 효소의 구성성분으로서 대기 중의 질소 고정에 관여한다.

---

11) 최종명 외, 『딸기에서 발생하는 생리장해의 원인, 진단 및 교정시비방법』, 농촌진흥청 딸기연구사업단, 2010, pp12~16
12) 대기중의 질소가 암모늄염(NH_4^+)으로 환원되는 것을 질소 고정이라 한다

염소(Chlorine)

염소는 자연계에서 가장 일반적으로 존재하는 음이온으로 작물을 토양에 재배할 때 부족한 경우가 거의 없고, 오히려 과다하게 많음으로써 작물에게 해를 끼친다. 염소는 광합성 반응에서 물이 광분해되어 산소가 발생될 때에 망간과 더불어 이 반응에 관여하며 양전하의 균형 및 중화를 통해 막전위의 안정에 기여하며 기공개폐와 삼투압조절에도 관여한다.

마늘

하병연

꽁꽁 언 땅속에서
아리고 아린 당신을 지상으로 올려
일생동안 꼿꼿하게 파란 촛불 켠

아버지

곰을 인간으로 만든 작물이 마늘이다. 그만큼 마늘은 우리 민족과 친숙하다. 오천년 긴 역사와 함께 해 온 마늘은 이 땅의 아버지와 닮았다. 현실은 춥고 어둡고 꽁꽁 얼어붙어도 가족 앞에서는 파란 촛불 켠 아버지의 삶은 마늘의 삶과 동일시된다. 알싸하고 매운 아버지라는 삶의 무게에 응원을 보낸다.

2장 토양

논

하병연

어미 소가 푸른 싹을 먹고 있다
그루터기에서 돋아난 벼의 새살
긴 혀로 날름날름 잘라먹고 있다
가을 뒤주에 쌓아놓은 나락처럼
누렁 소의 배는 봉긋하게 부르고
먼 시루봉 산봉우리처럼 아득하다

철벅, 어미 소의 똥은 논의 따순 밥
아침에 눈 뜬 논이 큰 입 벌려
한 그릇 먹고 있는 중이다
소화가 다 될 때에는 자운영 꽃 필 즈음
다시 봄 꽃밥을 배부르게 먹게 될 논은
든든한 밥심으로 어린모를 키워낼 것이다

오늘, 내 안에 들어앉을 세 끼 분량의 논도
나를 하루만큼 그 품에서 데불 것이다
그러다가 내 안의 논이 너무 넓어
내가 정말 흙밥 되어야 하는 날
십일월논처럼 푸른 싹 밀어 올릴 수 있으려나

지상의 생명체들은 언젠가는 흙밥이 된다. 흙에서 태어나서 다시 흙으로 돌아가는
사람도 예외가 아니어서 흙밥이 되어야 다음 세대가 태어나서 그 자리를 메운다.
소똥도, 자운영 꽃도 마찬가지다. 살다보니 욕심낸 일도 많았고 허물도 많았다.
이 모든 것을 안아주는 어머니, 흙으로 돌아가서 또 무언가로 다시 태어난다.
그래서 세상은 언제나 푸르다. 고맙고 신비롭다.

제2장_토양

농경지 토양은 어떻게 만들어졌을까?

토양은 일반적으로 농작물을 키우는 흙을 농학에서는 토양으로 명명한다. '나의 농경지 토양은 어디에서 왔을까?'를 곰곰이 생각해 보면 의외로 많은 정보를 알 수 있다. 농경지 주변 암석들이 수억 년 동안 풍화되어 생성된 것이 현재의 토양이기 때문에 산성암이 많은 곳은 토양 pH가 산성일 가능성이 많다.

우리나라 대부분의 모암(母巖)은 화강암이나 화강편마암 같은 산성암이어서 대부분 산성 토양이다. 전 국토에 진달래나 소나무가 많은 이유도 두 식물이 척박한 산성 토양에 잘 자라기 때문이다.

흔히 작물을 재배하고 있는 흙을 토양이라고 하는데 일반적으로 흙은 고체인 무기물만을 이야기하지만 토양은 고상(固相), 액상(液相), 기상(氣相) 모두를 포함하여 말한다. 그 만큼 작물성장에는 흙이라고 하는 무기물의 중요성만큼 액상과 기상의 중요성도 매우 높기 때문이다.

토양의 사전적인 의미는 "바위(암석)가 분해되어 지구의 외각을 이루는 가루" 라고도 하며 좀 더 학문적인 의미로는 "암석이 풍화작용(물리적, 화학적, 생물학적)을 받아 부스러지고 분해된 물질을 모재라 하고, 이 모재가 다시 토양생성 작용을 받아 토양 층위가 분화됨으로써 비로소 토양"이라 한다.

다시 말하면 토양이란 암석의 풍화 산물과 유기물이 섞여져 기후·생물 등의 주위 환경의 영향을 받아 변화되며, 그 변화는 환경조건과 평형을 이루기 위해 항상 계속되고 토양 단면의 형태를 이루는 자연체로서 지구 표면을 덮고 있으며, 알맞은 공기와 물이 들어 있을 때에는 식물체를 지지하고 양분의 일부를 공급하여 식물을 길러 주는 곳이다. 즉 토양은 모암(母巖) 암석 덩이리로부터 수억 년 동안 풍화를 거쳐 입자 크기가 2mm 이하로 된 무기물과 미생물 사체 및 퇴비 등과 같은 유기물이 혼합되어 만들어진 것이다

내 농경지 토양은 어떻게 만들어졌을까? 농사짓기를 하면서 한번쯤은 생각해보았을 것이다. 사람도 태어난 고향에 따라 말씨와 행동패턴이 다르듯이 토양도 태어난 태생지에 따라 다른 특성을 가진다. 미국 사람과 우리나라 사람이 다르듯이 우리나라 토양과 미국 토양은 서로 다르다. 먼저 내 토양의 근원을 찾기 위해서는 경작지 주위를 둘러보면 내 토양이 어디에서 왔는지 알 수 있다.

바위가 많은 산간지 주변에 있으면 산간지 암석에서 왔고, 이 토양은 산간지 암석의 특성에 따라 토양의 비옥도가 달라질 것이다. 즉 산간지 암석이 산성암인 화강암이라면 토양 pH는 주로 산성이고 칼슘, 마그네슘 등과 같은 무기염류가 적고 유기물 함량이 낮다. 그러나 과거 산림이 우거지거나 식생이 번창한 곳이라면 토양은 조금 더 좋아질 수 있겠지만 모암(母巖) 자체가 산성암이고 양분 보유량이 적기 때문에 경작자는 유기물과 화학비료를 꾸준히 경작지에 투입하여야 토양 생산성이 높아진다.

큰 강 주변 평야지는 강에서 범람한 흙탕물이 가라앉으면서 생성된 것인데 인류 문명의 발상지들이 대부분 큰 강 유역의 중심으로 발달한 것은 토양 자체가 비옥하였기 때문이다.

수억 년 전부터 강에서 범람한 것은 주로 산에서 떠내려 온 유기물과 작

은 토양 입자들이어서 무기양분 함유가 많고 배수성이 우수하여 현재 우리나라에서는 대부분 비닐하우스들이 자리 잡고 있다. 이곳은 배수성과 토양 내 영양물질들이 많고 지하수 등 물 공급이 용이하고 산으로부터 멀리 떨어져 햇빛을 받을 시간이 높기 때문이다. 즉 내 경작지 토양은 한반도 토양이 2억 5천만 년 전부터 생성된 암석으로부터 출발하며 모암, 지형, 기후, 유기물, 시간 등의 영향을 받아 지금의 토양이 생성된 것이다.

암석으로부터 토양 1cm 만들어지는 데 걸리는 시간이 약 200년 정도 걸린다고 하니 내 논밭의 토양은 수억년 이상 걸려서 만들어진 인간에게 가장 유익한 자연의 예술품이라고 여겨야 한다. 그래서 농부는 자연의 예술품으로 먹거리를 길러내는 자연 예술가들이다. 우리는 매일 자연 예술가들이 만들어 놓은 예술 작품인 농산물을 먹고 산다. 얼마나 즐겁고 고마운 일인가!

토양 내 화학성분은 어떤 것이 있을까?

현재까지 주기율표상 지구상에 알려져 있는 화학 원소는 약 118개 정도이며 식물체 내서는 약 60여 가지 정도로 알려져 있다. 암석의 종류에 따라 성분량이 다르지만 그 중에서 가장 많은 것은 규산(SiO_2)으로서 전체 무게에서 약 60% 이상을 차지하고 있고 반토(Al_2O_3)와 산화철(Fe_2O_3)이 각각 11% 정도 들어 있다. 그 다음으로는 석회(CaO), 소다(Na_2O), 고토(MgO), 칼리(K_2O)인데 이상 7가지 성분이 97% 정도이다.

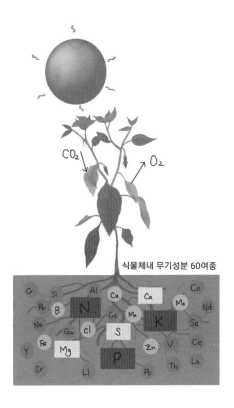

식물체내 무기성분 60여종

그림6. 토양 안에는 수많은 종류의 화학물질들이 있다

예를 들어 부산대학교 김의선 박사팀이 부산 북부지역의 모암 유형에 따른 토양의 구성광물 및 화학성분 연구[13]를 실시하였는데 그 결과로 부산지역 화강암 분포지 토양의 주성분 원소로는 규산(SiO_2) 47.2~61.0%, 반토(Al_2O_3) 11.2~21.8%, 산화철(Fe_2O_3) 1.6~5.5%, 석회(CaO) 0.05~0.7%,

---

13) 부산북부 지역의 모암유형에 따른 토양의 구성광물 및 화학성분 연구, 김의선 외, 한국광물학회지, Vol.14, No1 (2001)

고토(MgO) 0.3~0.8%, 칼리(K_2O) 2.2~4.4%, 소다(Na_2O) 0.2~1.3% 정도로 분석되었고 미량원소 및 희토류원소는 모든 토양에서 바륨(Ba), 루비륨(Rb)가 100 ppm 이상이고 아연(Zn), 갈륨(Ga), 스트론튬(Sr), 리듐(Li), 이트륨(Y), 납(Pb), 토륨(Th), 란타넘(La), 세륨(Ce), 네오디뮴(Nd)가 10 ppm 이상이고 그 외 나머지 원소들은 10 ppm 이하의 함량을 나타내었다.

안산암 분포지 토양의 주성분 원소로는 SiO_2 45.0~74.2%, Al_2O_3 14.6~25.6%, Fe_2O_3 4.8~12.9%, CaO 0.02~6.8%, MgO 0.92~3.81%, K_2O 1.09~2.09%, Na_2O 0.04~2.4% 정도로 분석되었고 미량원소 및 희토류원소는 모든 토양에서 아연(Zn), 바륨(Ba), 바나듐(V)가 100 ppm 이상이고 코발트(Co), 니켈(Ni), 크롬(Cr), 갈륨(Ga), 구리(Cu), 스트론튬(Sr), 리듐(Li), 루비튬(Rb), 이트륨(Y), 세슘(Cs), 납(Pb), 란타넘(La), 세륨(Ce), 네오디뮴(Nd)가 10 ppm 이상이고 그 외 나머지 원소들은 10 ppm 이하의 함량을 나타내었다.

퇴적암 분포지 토양의 주성분 원소로는 SiO_2 41.9~69.9%, Al_2O_3 11.8~26.1%, Fe_2O_3 3.7~15.5%, CaO 0.01~1.21%, MgO 0.51~1.48%, K_2O 1.19~2.47%, Na_2O 0.04~1.23% 정도로 분석되었고 미량원소 및 희토류원소는 모든 토양에서 Ba, V가 100 ppm 이상이고 Zn, Co, Ni, Cr, Ga, Sr, Li, Rb, Y, Cs, Pb, Th, La, Ce, Nd가 10 ppm 이상이고 그 외 나머지 원소들은 10 ppm 이하의 함량을 나타내었다.

따라서 모암의 형태에 따라 토양 구성 원소 성분이 달라지며 다양한 종류의 원소들이 작물 생육에 필요한 양분을 공급해주고 있다. 이밖에도 현대 과학으로 분석할 수 없는 원소들이 많을 것이며, 각 원소들이 작물 생육에 미치는 영향은 향후 많은 연구가 수행되어야 할 것이다. 이렇게 함으로써 토양 구성성분과 기후 환경 조건에 영향을 많이 받는 지역 특산 농산물을 생산할 수 있고 질병 예방 및 치료 효능이 있는 기능성 작물도 재배할 수 있다.

산성 토양은 정말 나쁜 토양인가 ?

토양의 산도는 토양 중에 있는 활성 수소이온(H^+) 농도를 측정하여 pH 7.0을 중성으로 하여 이보다 낮으면 산성토양, 높으면 알카리성 토양이라고 한다.

산성 토양이라고 해서 환경오염과 독성이 심한 죽은 토양이 아니고 염기성 이온(Ca^{++}, Mg^{++}등)량보다 상대적으로 수소이온(H^+) 량이 많은 토양을 말한다. 대부분의 작물은 산성에서 잘 자라지 않고 중성 토양 부근에서 잘 자라 토양 중 양분의 유효도를 함께 고려하여 pH 6.0~ 6.5 부근이 되도록 토양관리를 하는 것이 좋다.

산성 토양에 잘 자라는 작물이 있다. 그 대표적인 것이 소나무(pH 5.0~5.5)와 진달래(pH 4.5~5.0)이다. 토양 pH가 중성 정도로 올라가면 소나무와 진달래는 생육 피해를 입고 그 자리에 활엽수가 자란다. 우리나라 전 국토가 소나무와 진달래가 많은 이유는 우리나라 산림지 토양의 산도가 대부분 산성토양을 띄고 있기 때문이다.

산성 토양에서는 망간, 알루미늄, 철분 등이 많이 용해되어 있고, 이용 가능한 인산과 칼슘, 마그네슘의 결핍으로 활엽수종의 생육에는 부적합하다. 이밖에 산성토양에서 잘 자라는 식물은 차나무, 나무딸기, 질경이, 제비꽃, 난초, 수국, 동백나무 등이 잘 자란다.

그림7. 산성토양이 대부분인 우리나라는 소나무와 진달래가 많다

하지만 벼, 고추, 고구마, 토마토, 딸기, 참외, 수박, 호박, 마늘, 양파 등과 같은 대부분의 일반 작물은 대부분 토양 산도 pH 6.0~6.5 사이에 잘 자란다. 이런 작물들은 토양이 강산성 토양에 잘 자라지 않기 때문에 토양 산도를 개선하여 주어야 한다.

반대로 토양이 알칼리성을 띄어 문제가 되는 곳이 있다. 대표적인 곳이 비닐하우스 토양이다. 비닐하우스를 지어 처음 농사지을 때에는 토양 산도는 거의 대부분 산성을 띄었으나 오랫동안 농사를 짓다보니 토양산도가 알칼리성으로 변한 것이 대부분이다.

비닐하우스 토양에 석회질 비료를 살포하였거나 칼슘과 마그네슘 등과 같은 알칼리성 액체비료를 장기간 시용한 결과이다. 요즈음에는 생석회를 퇴비에 처리하여 생산된 pH가 높은 생석회 처리 퇴비도 시설하우스 토양을 알칼리성 토양으로 변하게 만든 요인으로 작용하고 있다. 비닐하우스 토양이 pH 7.5 이상으로 변하면 가장 큰 문제는 가스 피해이다.

비료 중에 있는 암모니아 성분이 토양에서 쉽게 공중으로 가스화 되어 올라오게 되는 데 작물의 어린잎에 가스가 가해져 잎의 막이 손상을 일으키게 되고 공중으로 올라간 가스가 비닐하우스 비닐에 맺혀있는 물방울과 결합하여 강 알칼리수로 만들어 비닐하우스 비닐과 철근을 손상시키고 다시 땅으로 떨어진 물이 작물 잎에 해를 주게 된다.

물론 이런 가스들은 농민들의 건강을 악화시켜 일명 비닐하우스병에 걸리게 된다. 또한 작물은 산성토양에 유효한 철, 망간, 아연 등의 성분을 충분히 흡수하지 못해 줄기나 잎에서 결핍 증상을 일으킨다.

알칼리성 토양의 pH를 낮추기 위해서는 토양 분석을 통해 알칼리성 이온인 칼슘과 마그네슘 함량을 측정하여 토양 내 알칼리성 이온들이 많으면 신규 알칼리성 이온 투입을 자제하고 질산과 황산 용액을 물에 5,000배 정도 희석하여 토양에 뿌려주면 된다. 질산과 황산 용액이 매우 위험하기 때문에 취급에 주의하여야 하고 목초액이나 식초를 약 500~1,000배 정도 희석하여 뿌려주어도 된다.

황가루에 의해 토양 산도를 낮추는 방법도 있다. 토양 pH 7.5에서 6.5로 낮추는 데 필요한 황 소요량은 300평당 점질성인 식양토인 경우에는 약 130kg, 모래가 많은 사질토는 약 40kg 정도 소요된다. 황가루를 뿌릴 때 피부에 닿으면 따끔거릴 수 있으므로 보호 장구를 철저히 착용하여 뿌려야 하며 작물심기 전 최소 1개월 이전에 뿌려서 토양과 잘 혼합될 수 있도록 깊이갈이를 실시하여야 한다.

화학비료에 의해 우리나라 토양이 산성화되었다고 하는 것은 잘못된 이야기이다. 우리나라 토양이 산성화된 가장 큰 이유는 우리나라 지질을 구성하는 모암(母岩)의 70%이상이 산성암인 화강암과 화강 편마암이며, 산지가 많아 빗물(특히 하절기 고온 다우)에 의해 표토의 유실로 염기의 용탈이 심하기 때문이다.

한마디로 우리나라 토양은 태어날 때부터 운명적으로 산성으로 태어났기 때문에 산성토양이지 화학비료가 토양 산성화를 초래했다는 말은 잘못된 것이다. 그 예로 농촌진흥청에서 동일 논에서 장기 30년간(1969-1999) 화학비료를 시비하여 비료를 시비하지 않은 토양과 pH 변화를 측정하였는데 양 토양에서 pH 변화는 거의 없었다고 발표하였다.

따라서 산성 토양이라고 해서 반드시 나쁜 토양이라고 말할 수는 없지만 다음과 같은 피해가 있다

첫째, 수소 이온에 의한 작물의 해 작용과 작물의 양분흡수력이 떨어진다. 수소 이온에 의한 해 작용은 아직까지도 확실한 근거가 알려져 있지 않지만, 대체로 수소 이온 농도가 커지면 작물 뿌리로부터 양분흡수력이 현저히 떨어진다. 특히 토양 pH가 4.5 이하로 떨어지면 질산 가스가 발생하여 작물이 가스 피해를 입는다.

둘째, 알루미늄에 의한 해 작용과 인산결핍을 초래하기 쉽다. 산성토양에서는 토양과 결합되어 있는 알루미늄화합물이 알루미늄 이온으로 용해되어 나온다. 대체로 일반작물에 유해한 활성 알루미늄 농도는 1 ~2ppm 정도이며 특히, 활성알루미늄의 존재로 인산은 작물이 이용되지 못하는 형태로 되어버리기 때문에 인산결핍을 초래하기 쉽다.

셋째, 작물 양분의 결핍 문제이다. 원래 산성 토양은 염기(칼슘, 마그네슘 등)와 붕소 등이 용탈되어 상대적으로 수소이온량이 많아져 산성 토양으

로 변모된 것이기 때문에 작물에 필요한 필수 미량원소가 결핍되기 쉽다.

넷째, 토양 생물의 활성 감퇴를 가져온다. 토양의 산성이 강해지면 토양 미생물의 종류가 바뀌게 되고 미생물의 활성도가 많이 떨어진다. 그 밖에 지렁이와 같은 소동물도 산성 하에서는 그 수가 매우 줄어든다.

산성 토양의 개량은 석회 비료를 시용하면 된다. 칼슘(Ca), 마그네슘(Mg) 등과 같은 염기성 물질이 용탈되어 상대적으로 수소 이온 농도가 높은 산성 토양에 칼슘, 마그네슘이 함유된 석회 비료를 시용하여 산성 토양을 개량한다. 또한 유기물을 시용하여 토양의 물리화학적 성질과 미생물 활성도를 높이고 활성알루미늄에 의한 인산 고정을 어느 정도 막아 비료의 효과를 증진시킬 수 있다.

우리나라 토양 개량제 사업은 토양 산성도를 예방하기 위해 국가에서 많은 예산을 들여 3년의 주기로 무상으로 농민들에게 밭에는 석회질 비료를, 논에는 규산질 비료를 보급하고 있다. 하지만 농민들이 그 중요성을 인지하지 못한 채 토양개량제 살포를 하지 않고 보급된 토양개량제를 논둑이나 밭둑에 방치하는 경향이 많다. 토양개량 효과는 화학비료처럼 지금 당장 작물 생육이 크게 달라지지는 않지만 우리나라 토양의 한계점을 극복할 수 있는 보약과 같다. 그러하니 토양개량제를 가볍게 취급하지 말고 땅의 보약처럼 다루어야 한다.

내 토양은 어떤 토성(土性, Soil texture)일까?

토양의 성질은 토양의 알갱이 크기에 따라 많이 좌우하기 때문에 국제 토양학회에서는 토양 입자 크기에 따라 12가지의 토성(土性)으로 분류하고 있다. 토성(土性)이라 함은 토양 무기질 입자 크기 조성에 의한 토양 분류를 말한다. 그만큼 토양 입자 크기에 따라 토양의 성질이 다르기 때문이다.

일반적으로 농민들은 물 빠짐이 좋은 땅을 모래땅이라고 하고 물 빠짐이 좋지 않은 땅을 찰흙땅이라고 부른다. 아무래도 모래가 많으면 물 빠짐은 좋지만 토양의 양분 보유 능력은 떨어지고 반대로 찰흙은 물 빠짐은 좋지 않지만 토양의 양분 보유능력은 좋다. 그래서 세계 토양학자들은 토양입자 크기별로 크게 모래(sand), 미사(silt), 점토(clay)로 구분하여 각 구성 비율에 따라 12가지 토성으로 구분하였다.

토양이라고 함은 토양입자 크기가 2mm 이하 인 것을 말하며 2mm 이상은 자갈로 구분하고 토양 구성물로 취급하지 않는다. 따라서 토양은 2mm 이하 무기질 입자를 말하며 모래는 2~0.05mm 크기의 토양 알갱이를 말하고 0.05~0.002mm는 가루모래 또는 미사라 하고 0.002mm이하의 토양은 점토라 한다.

토양은 모래, 미사, 점토로 각각 독립적으로 구성되어 있지 않고 대부분 혼합하여 이루어져 있는데 투수성, 통기성, 보수력 등 토양의 물리적 성질과 토양의 생산성에 영향을 미친다. 토양 1g당 왕모래(2.0~1.0mm)는 약 90개 정도이고 미사(0.05~0.002mm)는 약 6백만 개, 점토(0.002mm이하)는 9백억 개 정도이다.

토양은 이런 입자의 크기에 따라 모래가 많은 사질토, 점토가 많은 양토 등으로 구분한다. 예를 들어 점토의 함량이 15%, 미사의 함량이 30%, 모래의 함량이 65%인 토양은 사양토 범위에 있어 이 토양은 사양토이다.

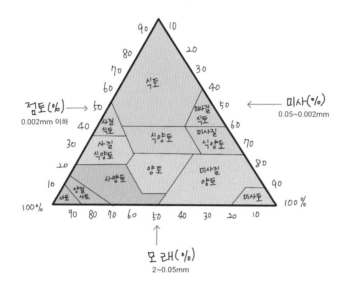

그림8. 토성 삼각도표(미국농무성법)

작물은 저마다 좋아하는 토성이 있다. 점토 분이 많은 식토는 물을 보관하는 보수(保水) 및 비료를 보관하는 보비력(保肥力)은 크지만 통기성이 불량하다.

모래 분이 많은 사토는 그와 반대로 보수 및 보비력은 매우 낮지만 통기성은 양호하다. 예를 들면 벼는 식토(점질 논토양)를 좋아하고 수박, 땅콩은 사토(강변토양)를 좋아한다. 모래가 85% 이상인 흙을 사토라 하고 여기서 더 고와질수록 양질사토, 사양토, 양토로 된다.

토양 입자가 모래에서 고와질수록 작물의 수량은 대체적으로 늘어난다.

그러나 더 고와져서 식양토, 미사질 식토, 식토 쪽으로 오면 수량이 떨어진다. 토양 입자가 지나치게 크지도 않고 너무 미세하지도 않으며, 모래분과 점토분이 적당한 비율로 혼합되어 있고, 이에 어느 정도 유기물이 섞여 있는 양질 토양이 식물의 생육에 가장 알맞다고 할 수 있다. 주요 작물별로 좋아하는 토성은 다음과 같다.

모래 성분이 많은 사양토와 양토에서 잘 자라는 작물은 보리, 조, 땅콩, 담배, 포도, 복숭아, 고구마, 우엉, 수박, 참외, 배추 등이 있고 미사와 점토 함량이 높은 식양토와 식토에서 잘 자라는 작물은 논벼, 밭벼, 밀, 옥수수, 콩, 팥, 완두, 귤, 연근, 시금치, 호박 등이 있다.

토양입자 크기를 재기 위해서는 입자 크기별 체망이 있어야 하는 데 농가에서 체망이 없을 때에는 정확도는 떨어지지만 손으로 감별하는 법이 있다. 토양을 약 티스푼 2숟갈 정도 떠서 엄지와 검지 사이에 놓고 엄지로 바깥으로 밀면 토양은 밀가루 반죽 펼치듯 앞으로 밀려 나간다.

밀가루 반죽 같은 것이 툭툭 끊어지면 사양토 정도이고 약간 성형이 되어 앞으로 밀려나갔다가 끊어지면 미사질 양토 정도이며, 전혀 끊어지지 않고 앞으로 주욱 밀려나가면 식양토 정도 된다.

또한 젖은 흙을 엄지와 검지 사이에 넣고 비벼보면 모래는 손가락을 자극하는 까슬까슬한 느낌이 있고 미사는 밀가루나 활석가루를 비비는 것처럼 아주 부드럽고 매끄러운 느낌이 있으며 점토는 손가락에 달라붙으면서 끈적끈적한 감촉을 주는 느낌이 있다.

토양은 어떻게 양분을 보존할까?

비료를 토양에 시비하면 비료 성분이 지하로 다 빠져나가는 것이 아니고 토양 입자와 결합하게 된다. 그 이유는 토양입자 표면이 − 전하를 띠고 있기 때문이다. 칼슘, 암모늄, 마그네슘 이온 등과 같은 양이온들은 토양입자와 결합하게 되며 작물은 이런 양분을 흡수하여 성장한다.

사질토와 같은 토양은 토양입자의 − 전하량이 적어 양이온을 많이 흡착시키지 못하여 비료 양분 유실이 많으나 점토분이 많은 양토는 토양입자의 − 전하량이 많아 양이온을 많이 흡착시켜 비료 양분 유실이 상대적으로 적다. 또한 유기물이 많은 토양에서는 일반 토양보다 − 전하량이 훨씬 많아 비료의 유실이 적다.

토양 양이온들은 − 전하로 하전된 토양 표면에 흡착되지만 토양 음이온들은 어떤 형태로 토양 내에 존재할까? 음이온들도 토양에 흡착 안 되는 것은 아니다. 토양의 확산 2중층이라는 곳에 아주 부분적으로 흡착되지만 그 양은 미세하여 지하로 빠져나가는 양이 훨씬 많다.

토양에 − 전하량이 얼마나 많이 있느냐를 알려면 양이온 교환용량(CEC, Cation Exchange Capacity)을 보면 알 수 있다. 단위는 토양 100g당 밀리 당량 meq/100g, 또는 토양 kg당 하전(荷電) 센티몰(centi-moles of charge) $cmol_c \cdot kg^{-1}$ 이다. 양이온 교환용량은 토양비옥도를 나타내는 하나의 지표이며 CEC가 높은 토양일수록 양분을 지니는 능력이 크고 비옥도가 높다. 모래토양은 0.5, 유기물은 250, 보통토양은 10cmol$_c \cdot kg^{-1}$ 정도이다.

염기의 량을 측정하는 방법으로 염기포화도가 있다. 염기포화도는 양이온치환용량에 대한 치환성 염기 이온, 즉 Ca^{++}, Mg^{++}, K^+, Na^+등의 비율(%)을 염기 포화도라 한다. 예를 들면 어떤 토양의 양이온교환용량을 측정해보았더니 10cmolc/kg이었다.

치환성 염기를 측정해보았더니 칼슘은 2, 마그네슘은 1, 소디움은 0.4, 칼리는 0.6cmolc/kg이 각각 들어 있었다. 이들을 합치면 2+1+0.4+0.6=4cmolc/kg이다. 염기 포화도는 4/10 ×100= 40%이다. 그렇다면 나머지 60%는 무엇이 들어 있을까? 주로 수소이온(H+)이다. 따라서 염기포화도가 낮다는 것은 수소이온이 많다는 뜻이고 이것은 또 산성이라는 말이다. 화학성이 좋은 흙의 염기 포화도는 80% 정도이다. 이보다 낮으면 석회를 주어 염기 포화도를 높여준다.

토양 경반층이란?

토양 경반층은 흙벽돌처럼 딱딱하게 굳은 토양층을 말한다. 주로 이런 층은 토양이 딱딱하여 물이 아래로 내려가지 않고 토양 내 가스 교환 및 배출이 원활히 이루어지지 않아 뿌리호흡에 필요한 산소부족과 신생 뿌리가 딱딱한 토양을 뚫고 잔뿌리 내리기 어렵고 또한 물 빠짐이 좋지 않으면 황화수소 등과 같은 환원성 유해물질이 생성되어 뿌리 발달에 악영향을 미친다.

특히 농기계 사용이 빈번한 논토양은 토심 20~30cm 지점에 약 10~15cm 정도의 두께로 하드(Hard) 경반층이 형성되어 있다. 요즈음 볏짚 사료화한다고 볏짚을 논에 넣지 않음으로 해서 유기물 부족에 의한 경반층 형성이 가속화되고 있다.

논에서 밭작물을 재배할 때에는 논의 경반층으로 인해 물빠짐에 좋지 않아 장마철 습해 피해가 많이 발생되는 데 주의를 기울여야 한다. 특히 논에 유실수나 조경수를 심을 때에는 하드(Hard) 경반층을 파쇄하고 배수성 문제를 해결한 후에 심어야 하는 데 이런 토양 물리성 특성을 무시한 채 심으면 작물이 잘 자라지 않아 손실이 크다.

이런 논의 물리성을 간과하고 습해 피해를 많이 받는 블루베리를 논에 바로 심어 많은 피해를 본 농가가 많았다. 이러한 하드(Hard) 경반층을 없애기 위해서는 심토파쇄기 또는 포크레인 등과 같은 장비로 토양 심토를 파쇄하여 토양 표토로 끌어올리거나 호밀과 같은 뿌리가 1m 징도 내려가는 심근성 작물을 심어 심근성작물 뿌리가 하드(Hard) 경반층 부분을 뚫고 지나가 경반층 파괴에 도움을 줄 수 있다.

경반층에는 표토층에 있던 토양 염류가 토양 아래로 내려감에 따라 하드(Hard) 경반층에 토양염류가 집적되는 데 집적된 토양염류에 의한 뿌리 피해도 발생된다.

특히 시설하우스 토양은 다년간 많은 작물 재배와 비닐로 외부 환경 차단을 통해 빗물 유입이 안 되어 토양염류 집적이 심한 데 높은 염류농도로 인한 작물 뿌리 발달 피해가 많다.

토양의 물리성이 좋아지면 토양의 3상의 분포가 좋아지게 되는 데, 고상(固相) 50%, 액상(液相) 25%, 기상(氣相) 25% 정도 유지되면 작물의 뿌리 발달에 좋은 환경을 제공하게 된다. 더욱 더 이상적인 상태는 고상(固相)중에서 유기물이 5% 이상이 함유된 토양이다.

경반층이 심하면 토양 3상 중에서 고상 부분이 대부분 차지하고 액상, 기상 부분은 거의 없어 작물 뿌리 생육에 악영향을 미치기 때문에 토양 경반층을 생기지 않게 토양관리를 잘 하여야 한다.

토양의 물리성은 토양 알갱이가 클수록, 토양 유기물이 많을수록 좋아지는 데 조그만 텃밭을 하시는 분은 상기와 같은 심토파쇄기, 포크레인과 같은 장비를 사용할 수 있는 처지가 안되기 때문에 삽이나 곡괭이로 토양을 깊게 파고 낙엽, 왕겨, 퇴비, 풀 등과 유기물을 많이 넣어 주고 토양 알갱이가 큰 마사토나 제올라이트를 넣어 주는 것이 필요하다.

가장 손쉬운 방법은 가을에 심근성 작물인 호밀, 헤어리베치 등과 같은 녹비 작물을 심고 봄철에 낫으로 베어내어 지상부의 줄기 및 잎을 통한 유기물을 경작지 토양에 공급하면 큰 비용을 들이지 않고 토양 물리성 및 화학성을 쉽게 개선할 수 있다. 심근성 뿌리에 의한 유기물 공급을 동시에 실시하여 토양 물리성 개선을 할 수 있다.

토양에도 생물이 살고 있을까?

토양 속에는 지상에 살고 있는 생명체보다 훨씬 많은 생명체들이 살고 있다. 우리 조상들은 흙에다 뜨거운 물을 버리는 것을 금지하였는데 그 속에 수억 마리 생명체의 목숨을 앗아 간다는 것을 인지하고 있었던 것 같다.

토양 속에 생명체가 없으면 지상부 생명체는 존재할 수 없다. 그만큼 토양 내 생물은 엄청난 역할을 한다. 예를 들어 지상부 생명체가 생명을 다하여 토양 속으로 들어가면 토양 내 미생물에 의해 분해되어 토양의 한 구성 성분으로 환원되어 다시 지상부 생물에게 양분을 공급한다. 이런 순환이 이루어지지 않는다면 지구상의 생명체는 쉽게 멸종될 것이다. 지상부 동식물 사체들이 토양 미생물에 의해 분해되지 않고 지상에 그대로 남아 있으면 넘쳐난 쓰레기 더미를 어떻게 처리해야 할까? 상상만 해도 아찔하다.

지하부 생명체는 두더지, 지렁이, 노래기 등과 같은 대형 동물군과 톡토기, 진드기 등과 같은 중형 동물군, 선충과 단세포 생물인 원생동물 등과 같은 미소 동물군이 있다. 또한 미생물 군으로 바이러스, 사상균, 세균, 방선균, 조류 등과 같은 미생물이 있다.

건강한 토양에는 수많은 생명이 살아 숨 쉬고 수백만 가지의 생물 종과 수십억 마리의 유기체가 모여 살아 지구상에 존재하는 최고의 생명 덩어리라고 할 수 있다. 한 숟가락의 토양 미생물 수는 전 세계 인구수보다 많다. 토양 미생물은 전체 토양 질량의 0.5%에 불과하지만 그 역할은 모두 열거할 수 없을 정도로 어마어마하다.

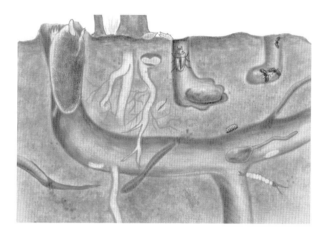

그림9. 토양 지하부는 지상부 생명보다 훨씬 많은 생명들이 살고 있다.

지렁이는 유기물을 먹고 배설하여 영양소가 풍부한 지렁이 분변토를 생산하고 지렁이가 기어 다니는 통로는 토양 구조를 개선시키고 토양 속 물의 이동과 공기 공급에 중요한 역할을 한다. 진드기, 노래기, 지네와 같이 토양에 사는 생물들은 토양에 유해한 동물을 잡아먹고 오염물질이 들어왔을 때 그것을 분해하는 역할을 한다.

뿌리혹박테리아라고 알려져 있는 질소고정세균은 주로 콩과 작물의 뿌리에 공생하는 세균으로써 공기 중에 있는 질소(N_2)를 작물이 이용할 수 있는 암모니아(NH_3^+) 이온 형태로 변환하게 해주어 작물의 단백질 형성에 도움을 주고 작물은 뿌리를 통해 당 및 단백질과 같은 영양분과 산소를 세균에 제공하여 서로 공생하면서 살아간다.

특히 작물 뿌리 주변의 근권은 작물 뿌리가 성장하는 동안 다양한 물질을 흡수하고 배출하여 토양 내에 독특한 환경을 형성하고 토양 미생물의 활성과 번식에 매우 유리한 환경을 제공한다. 이러한 근권에서 서식하는 미생물을 근권미생물(rhizosphere microorganism)이라 하며 이들 미생물 중 작물 성장에 이로운 작용을 하는 미생물을 식물성장 촉진 근권 미생물(Plant Growth Promoting Rhizobacteria, PGPR)이라 한다.

PGPR은 작물 뿌리에 흡착하거나, 군락을 형성하여 뿌리에서 제공하는 여러 물질들을 이용하면서 성장한다. PGPR은 항생물질을 생산하여 병원균으로부터 작물을 보호하거나, 대기 중 질소를 고정하여 작물에게 질소원을 공급하고, 작물 성장을 조절하는 다양한 효소를 생산하여 여러 대사를 통해 토양내의 인과 철과 같은 미네랄을 가용화시켜 작물이 흡수하기 쉽게 도와주는 역할을 한다.

또한 작물의 생육 촉진에 영향을 미치는 식물호르몬인 indole-3-acetic acid(IAA), indole-3-butyric acid(IBA), gibberellin 등을 직접 생산할 수 있으며, 그 기능은 식물세포 활성화를 통해 작물 생육을 촉진시키는 역할을 한다.

토양 속에는 지상의 생태계와 같이 다양한 환경 조건에서 토양생물들이 토양 생태계를 이루며 살고 있고 만약 토양 생태계가 교란되거나 파괴되면 그 영향은 지상 생태계에 고스란히 전달되어 지상의 생태계도 파괴된다. 따라서 우리가 토양의 중요성을 인식하여야 함은 이런 이유에서 출발하며 특히 농작물을 경작하는 농민들은 지상부 농작물의 품질, 안정성, 수확량은 모두 지하부 토양 생태계의 건전성과 연계되어 있기 때문에 농사의 기본은 토양관리임을 명심하여야 한다.

또한 한 줌의 토양 안에는 전 세계 인구수보다 훨씬 많은 생명체가 살고 있다는 사실을 인식하여야 한다. 토양 속 생명체가 살 수 없는 곳은 지상부 생명체도 살 수 없음을 명심하여야 한다. 건전한 토양 1g에는 미생물 수억에서 수십억 마리가 살고 있으니 우리 조상들은 뜨거운 물을 함부로 땅에 뿌리지 않았음을 상기하자.

토양 수분은 어떤 종류가 있을까?

우리가 물을 주면 작물은 물을 다 먹을 수 있을까? 토양 속으로 들어간 물은 토양 입자와 접촉하여 다음과 같은 물로 있게 된다.

- 결합수 : 토양 광물이나 토양화합물을 구성하는 성분으로 들어 있는 물로 작물은 이 물을 이용할 수 없다. 토양의 화학성분으로 결합되어 있는 물로 100℃ 건조기에서 건조를 시켜도 이 수분은 마르지 않는다. 작물은 이용하지 못한다.
- 흡습수 : 습도가 높은 대기 중에 토양을 놓아두었을 때 대기로부터 토양에 흡착되는 수분을 말하며 작물이 흡수 이용할 수 없다
- 모세관수 : 토양 공극 중에서 모세관 공극에 존재하는 물을 말하며 대부분 작물은 이 물을 이용한다. 토양 속에는 미세한 공극이 많은 데 이러한 공극 속에 가늘고 미세한 관이 형성되는 데 이것을 모세관이라 하고 토양 수분이 이 관을 타고 위로 올라오는 현상을 모세관 현상이라 한다.
- 중력수 : 중력의 작용으로 지하로 물이 흘러내리는 물을 말하며 작물이 일부 이용할 수 있지만 대부분 이용할 수 없다.

따라서 토양내에서 작물에게 물 공급 능력을 향상시키기 위해서는 토양 모세관 공극을 높일 수밖에 없다. 토양의 수분 보유력은 토양 공극의 크기와 밀접한 관계가 있는데 미세공극을 많이 가지고 있는 점토질 토양은 수분을 많이 보유하지만 대공극을 많이 가지고 있는 사질계 토양은 수분 보유력이 상대적으로 낮다. 그래서 사질계 토양은 점토질 토양보다 자주 물을 주어야 한다.

토양 공극을 높이려면 토양 구조를 홑알구조(단립구조)에서 떼알구조(입단구조)로 바꾸면 된다. 홑알 구조는 토양 입자가 밀가루처럼 각각 분리되어 있어 서로 잘 뭉치지 않은 것을 말하고 떼알 구조는 토양 입자들끼리 응집하여 지렁이 똥처럼 서로 잘 뭉쳐 있는 것을 말한다.

토양을 손에 올려놓고 입으로 훅 불면 홑알 구조는 바람에 날리지만 떼알 구조는 날리지 않는다. 토양이 떼알 구조로 잘 발달되어 있으면 토양내 액체와 기체가 들어갈 수 있는 공간이 커지기 때문에 물과 공기의 보유량이 높아지고 작물의 뿌리가 잘 자라게 된다.

토양 입단의 형성은 점토의 응집으로부터 시작된다. 응집은 토양 용액중의 양이온이 음전하를 가지고 있는 점토 사이에 위치함으로써 정전기적인 힘이 작용하여 나타나는 현상이다. 응집의 효과가 큰 토양 양이온은 석회(Ca^{++}), 고토(Mg^{++}), 철(Fe^{+})등과 같은 이온이다.

석회질 비료를 시비하면 토양 pH를 올리고, 토양 pH 상승에 의해 토양 미생물이 증가하고, 토양 구조가 떼알 구조로 바뀌는 효과가 있기 때문에 토양의 보약이라고 아니할 수 없다. 하지만 토양 내 나트륨 이온(Na^{+})이 많으면 나트륨 이온의 토양 입자간의 분산효과로 인해 토양 입자들이 서로 잘 뭉치지 못한다.

바다를 메워 농경지로 조성한 간척지 토양에는 석고(CaSO₄ · 2H₂O)나 유기물을 많이 시비하여 토양 구조를 바꾸기도 한다. 토양 입단 구조에 영향을 미치는 또 다른 요인 중에는 토양 유기물의 역할이 크다. 토양 내 유기물은 유기물을 구성하고 있는 카르복실기, 페놀기, 아민기 등과 같은 유기물의 작용기들이 응집된 토양의 입단을 더 강하게 만든다.

또한 미생물들은 유기물을 분해할 때 점액성의 분비물인 균사를 만들어내는 데 이 균사가 가는 실처럼 토양 입단을 꼭 잡아주는 역할을 하여 토양 입단 형성을 촉진시키다. 그 밖에도 작물 뿌리에서는 토양 입자와 결합되어 있는 양분을 녹이기 위해 약한 산성을 띠는 분비물을 분비하는데 이것도 토양 입단 형성을 촉진시켜준다. 따라서 토양 입단을 잘 형성시키기 위해서는 석회질 비료를 뿌리거나 퇴비 등과 같은 유기물을 시비하면 된다.

유기물이 많은 토양에서 작물이 가뭄에 잘 견딜 수 있는 것은 입단 내의 작은 공극에 물이 유지되어 토양의 보수력이 커지기 때문이다. 입단이 잘 형성된 토양에서 배수성과 통기성이 좋은 것은 입단 사이의 큰 공극에 있는 물이 쉽게 배수되기 때문이다.

포장 용수량, 위조점, 유효수분

농경지에 물을 대주거나 비가 많이 내려 많은 물이 토양에 가해지면 토양은 일시적으로 포화상태로 갔다가 2~3일 지나면 일부 물은 지하로 빠지고 일부 물은 토양 입자에 달라붙어 있다.

물이 포화상태에서는 모든 토양 공극이 물로 채워져 있다가 중력에 의해 대공극에 있던 물이 지하로 빠져 나가면 공극의 약 절반 정도 물로 채워지는데 이때 포장용수량에 도달된다. 수분이 점점 고갈되면 위조점에 이르고 흡습 계수에 가까워지면 영구 위조점에 다다른다.

포장용수량(圃場容水量; field capacity)은 중력수를 제외한 토양이 보유하고 있는 물의 최대량을 말하며 수분 퍼텐셜이 −0.033MPa(−1/3bar)로 토양에 유지되는 수분을 말하며 일반적으로 식물의 생육에 가장 적합한 수분조건이다.

포장용수량에서 작물의 성장 속도가 가장 좋으므로 수분함량을 여기에 맞추는 것이 좋다. 화분에 물을 줄 때 화분 밑바닥까지 물이 흘러나오도록 흠뻑 주라고 추천하는 것은 이런 이유 때문이다. 화분 안에 있는 토양은 배수가 가장 중요하기 때문에 원재료 입자가 큰 상토 자재나 배수가 잘되는 마사토 등을 대부분 사용한다. 따라서 물을 흠뻑 주면 물은 포화상태로 있다가 금방 포장용수량에 도달된다. 이렇게 되면 화초는 물을 최대한 이용하게 되어 잘 자라게 된다.

포장용수량보다 물이 많으면 토양내 산소 부족으로 작물성장에 지장을 받고, 포장용수량보다 물이 적으면 수분 부족으로 작물 성장에 지장을 초래하기 때문이다.

위조점(萎凋點: wilting point)은 토양수분을 점차 감소시키면 식물은 세포의 팽압을 유지할 수 없게 되어 시들게 되는 데 이때의 토양수분상태를 말한다. 작물이 시드는 일정 기간에 다시 물을 주면 작물은 수분을 흡수하여 다시 잎이 활짝 펼치고 정저인 생육을 한다.

만약 작물이 시들었는데 계속 물을 주지 않고 그대로 놓아두면 일반적인 작물의 경우 토양의 수분퍼텐셜이 −1.5MPa(−15bar) 이하로 낮아지면 물을 흡수하기 어려워지고 시들어 죽는다.

이 수분상태에서 작물이 시들면 다시 정상상태로 회복하기 힘들기 때문에 이를 영구위조점(永久萎凋點: permanent wilting point)이라고 한다.

점토 함량이 많은 식질계 토양이 토양 알갱이가 큰 사질계 토양보다 위조점에 해당되는 수분 함량이 높다. 그 이유는 토양 자체적으로 수분을 흡수하는 힘이 작물이 뿌리 내부로 수분을 끌어들이는 힘보다 크기 때문이다.

유효수분(有效水分 plant-available water)은 작물이 이용할 수 있는 물로서 넓은 뜻으로는 포장용수량에서 위조점 수분량을 뺀 수분을 말한다. 따라서 작물 물관리는 유효수분함량을 계속 유지시켜 주는 것이라 할 수 있다.

토양수분함량 측정

농민들이 쉽게 이용할 수 있는 토양 수분함량을 측정법은 어떤 것이 있을까? 가장 쉬운 방법은 토양 시료를 채취하여 건조 전후의 중량차로부터 수분함량을 구하는 것이다. 토양을 105℃에서 건조평형에 이를 때까지 건조시켰을 때의 감량을 수분으로 구하는 것인 데 보통 18시간 건조 후 측정한다. 토양 함수량 표시는 독특하다. 건조시킨 토양의 무게 기준으로 수분 함량을 표시한다. 예를 들면 다음과 같다.

토양 1kg → 건조(105℃ , 18시간)→건조토양 0.8kg

$$수분함량(\%) = \frac{(건조전\ 토양\ 1kg - 건조후\ 토양 0.8kg)}{건조토양\ 0.8\ kg} \times 100(\%) = 25\%$$

기기 장치로는 토양 수분측정장치가 있다. 사용 방법은 아주 간편하다. 토양 수분 센서가 부착되어 있는 부분을 토양에 박아 넣으면 실시간으로 토양 수분함량이 기기장치 몸체 화면에 표시된다.

시중에 판매되고 있는 토양 수분 측정기는 여러 종류가 많다. 토양 pH, EC, 수분 함량을 동시에 측정할 수 있는 장비가 있는가 하면 토양 수분 하나만 측정할 수 있는 장비가 있어 본인이 필요에 의해 선택하면 된다.

토양 물관리를 잘 하면 작물 수확량이 약 30~60% 정도 증가하기 때문에 신경을 많이 써야 한다. 어떻게 보면 농사는 수분관리라 해도 과언이 아니다.

토양 수분함량 계산에 의한 관수량 계산법

토양수분 함량을 계산하여 관수하는 방법은 예를 들면 적정 수분함량이 25%이고 현재 토양수분함량이 15%일 때 관수를 하여 다시 25%로 만들면 되므로 다음과 같이 계산할 수 있다.

면적은 1ha(3,000평)이며 작토층 토양 30cm 깊이까지 관수하면 1ha은 10,000㎡이고 30cm는 0.3m이므로 1ha의 총 부피는 3,000㎥이다. 상기 토양 전체 총부피의 10%가 물이 부족한 공간이므로 3,000㎥×0.1=300㎥가 물로 채워야 할 공간이다(흙 가비중을 1로 가정). 즉 식으로 표현하면 10,000㎡×0.3m ×0.1 = 300㎥의 공간이 나오며 물의 비중을 1로 보면 필요한 물의 양은 약 300톤 정도이다. 따라서 1ha에 300톤의 물량이 필요하다.

하지만 전체 토양에 모두 물로 채워야 할 필요가 없기 때문에 작물이 심겨져 있는 근권 부분이 전체 토양 중 50%정도 차지한다면 전체 필요한 물은 150톤이 된다.

농경지에 내리는 빗물은 얼마나 될까?

만약 비가 오면 얼마의 물이 나의 농경지에 떨어진 걸까? 1mm 강우량은 1㎡당 1ℓ에 해당되며 무게는 약 1kg이 된다. 농경지 1ha(3,000평)에 비가 1mm 정도 내렸다면 내린 물의 양은 10,000kg, 즉 10톤이 내렸다는 말이다. 가뭄 해갈에 필요한 강우량이 약 30mm 정도인데 내 농경지 1ha(3,000평)에 300톤의 빗물이 내려야 어느 정도 가뭄이 해결된다는 것이다.

우리나라 연평균 강우량은 약 1,200mm 정도 된다. 우리나라 국토 면적이 22만㎢ 정도이어서 연간 약 1,140억톤의 빗물이 내렸다는 말이 된다. 세계 연평균 강수량은 약 880mm 정도 되어 우리나라가 1.4배 정도 높지만 여름철에 50~60% 정도 치우쳐 있어 봄, 가을에는 가뭄이 심하고 여름에는 많은 비로 인해 수해를 입기도 한다.

농경지에 비가 많이 내려 많은 물이 토양에 가해지면 토양은 일시적으로 포화상태로 있다가 일부 물은 지하로 빠지고, 일부는 지상으로 증발하며, 일부 물은 토양 입자에 달라붙어 있다. 그러다가 전체 토양 공극의 약 절반 정도 물이 남으면 이때 포장용수량에 도달된다.

포장용수량(圃場容水量; field capacity)은 중력수를 제외한 토양이 보유하고 있는 물의 최대량을 말하며, 일반적으로 작물의 생육에 가장 적합한 수분조건이다. 포장용수량에서 작물의 성장 속도가 가장 좋으므로 수분 함량을 여기에 맞추는 것이 좋다.

화분에 물을 줄 때 화분 밑바닥까지 물이 흘러나오도록 흠뻑 주라고 추천하는 것은 이런 이유 때문이다. 물을 흠뻑 주면 물은 포화상태로 있다가 금방 포장용수량에 도달된다. 이렇게 되면 화초는 물을 최대한 이용하게 되어 잘 자라게 된다. 포장용수량보다 물이 많으면 토양 내 산소 부족으로 뿌리가 호흡을 제대로 못하게 되고, 포장용수량보다 물이 적으면 수분 부족으로 작물 성장에 지장을 초래하기 때문이다.

우리가 아는 생명체는 물 없이는 살 수 없다. 특히 물은 작물체 구성 성분 중에서 가장 많은 부분을 차지한다. 그러면 생장 중인 작물은 얼마만큼의 수분을 가지고 있을까? 보통 작물체 전체 중량의 70~80% 정도가 물로 되어 있다. 작물체 중에서도 생장 중인 줄기·뿌리·어린잎 등의 젊은 조직에는 90% 정도의 수분이 함유되어 있고, 늙은 조직일수록 수분 함량이 적다.

따라서 내 농경지에서 자라고 있는 작물체 무게가 약 100톤 정도 된다면 작물은 약 75톤 정도의 물을 지상에 보유하면서 내부 펌프질(증산작용)로 끊임없이 공중으로 물을 내뿜고 있다. 하늘에서 떨어진 비를 가장 경제적으로 지상에서 보존할 수 있는 방법은 천연 빗물 저장고인 작물이나 나무를 많이 심고 가꾸는 것이다.

예를들어 1헥타아르(ha) 면적에서 자라고 있는 성숙한 옥수수가 하루 동안 공중으로 내뿜는 물의 양은 약 30,000ℓ/ha 정도이다. 또한 성숙한 참나무(oak) 한 나무가 일 년 간 잎을 통해 대기중으로 내뿜는 물의 양은 약 151,000ℓ/년 정도이다(USGS, 2006). 이것을 단순하게 하루 증산량으로 계산하면 약 400ℓ/일 정도인데 1.5ℓ 생수병 266개 정도 되는 양이다.

여름철 가장 무더운 지역이었던 대구시가 취한 특단의 조치는 도시 가로수를 심어 지상에 천연 나무 물탱크를 설치함으로써 여름철 최고 무더운 지역이라는 오명에서 탈피하게 되었다. 아파트 한 채 세우는 일도 중요하지만 하늘에서 내려준 물을 경제적으로 잘 보관하기 위해서는 옥수수 한 대 키우는 것이 더 소중한 일이라 할 수 있다.

우리나라 논토양 특성은 어떤 특징이 있을까?

우리나라 논토양은 벼를 경작하기 위해 5월부터 물을 대기 시작하여 9월 말경에 물을 차단한다. 논에 물을 대면 작토 층에 산소 공급이 차단되어 논은 산소가 부족한 혐기성 상태로 변하게 된다. 논이 혐기성 상태로 전환되면 산소를 좋아하는 호기성 미생물의 수는 줄어들고 혐기성 미생물의 수는 늘어난다.

하지만 벼 생육 도중 논물을 넣었다 빼기를 반복하면서 논은 산화 상태와 환원상태로 번갈아 진행되며, 벼 수확이 끝나 논에 물을 완전히 빼내면 논은 다시 몇 개월간 산화 상태가 된다. 이런 산화-환원과정이 반복되어 토양 광물 분해가 심하여 그만큼 노후화도 빠르게 진행되지만 반면 용수로부터 공급되는 양분의 양도 많고 표토 유실과 같은 침식이 거의 이루어지지 않아 수천 년 동안 논에서 연속적으로 벼농사를 지을 수 있었다.

벼 수확 후 남은 볏짚은 모내기 전에 논갈이를 통해 다시 토양에 환원되면 볏짚은 빠르게 부숙이 진행되는데 부숙된 볏짚은 토양 유기물 함량을 올리고 볏짚을 통해 빠져나온 무기 양분은 벼의 성장에 도움을 준다.

논토양은 크게 산화층과 환원층으로 구분하며 산화층은 논토양은 크게 산화층과 환원층으로 구분하며 산화층은 산소 함량은 많은 층을 말하고 환원층은 산소함량이 극히 적은 층을 말한다. 논토양에서 토양 제일 상층부인 표토층에서 아래 방향으로 약 1cm 정도 깊이까지는 비교적 산소 함량이 많은데 이를 산화층이라 한다 이 부분에는 산소가 많고 철이 산화철(Fe_2O_3) 형태로 존재하여 토양색은 적갈색~황갈색을 나타낸다.

환원층은 산화층 아래의 산소가 부족하여 혐기성 미생물이 활동하는 층으로 논토양의 대부분을 이룬다. 따라서 논토양의 특징은 곧 환원층의 특징이라고 볼 수 있다. 환원층은 철이 아산화철(FeO) 형태로 존재하므로 청회색을 나타낸다. 벼 뿌리의 약 80% 이상이 표층 10cm 이내에 분포되어 있고 이 부위에서 영양물질을 흡수하여 생육한다.

질소질비료를 시용하면 물속에서 용해된 암모늄 이온은 질산화 작용에 의해 질산 이온이 된다. 다시 질산 이온은 탈질균에 의해 질소가스(N_2) 혹은 산화질소(NO) 형태로 대기 중으로 달아나는 탈질현상이 일어난다. 따라서 비료의 손실을 막기 위해서는 되도록 비료를 작토의 깊은 부위, 즉 환원층에 들어갈 수 있도록 전층 또는 측조시비를 하여야 한다.

따라서 비료를 뿌릴 때 표토층에 표층시비하지 말고 로타리 치기 전에 비료를 살포하여 토양과 함께 비료를 혼합 처리하는 전층시비를 실시하거나 측조시비기를 이용하여 비료를 벼 모 옆 2~3cm 측면에 토양 깊이 3~5cm 깊이로 비료를 시비하는 측조시비를 실시하는 것이 비료 낭비가 적다.

우리나라 전체 논토양의 비옥도 조사에서 인산, 칼리 성분은 적정범위를 초과하고 있으나 칼슘, 규산 성분은 부족하며 pH도 낮다. 정부는 이러한 실정을 감안하여 규산질비료를 무상으로 농가에 공급하고 있으나 농민들은 이 비료를 잘 시용하지 않고 있다.

규산질 비료에는 규산 성분과 칼슘 성분 함량이 높을 뿐 아니라 pH도 높아 현 우리나라 논토양에 부족한 비옥도를 높여주는 비료이기 때문에 규산질비료 시비를 게을리 하여서는 안 된다. 또한 볏짚을 사료용으로 사용하기 위해 논토양에서 반출하는 경우가 많은 데 논에서 키운 볏짚은 볏짚의 어머니 품인 논으로 반드시 되돌려 주어야 한다.

논에 유기물 함량이 낮아지면 작물 생육에 도움을 주는 토양의 입단구조 형성에 불리하고 양분 보유 능력이 적어 토양 비옥도가 해마다 떨어지고 고품질 벼 수확도 해마다 떨어지게 될 것이다. 그러니 소에게 먹일 사료는 다른 대체 사료 작물로 보충하여야 하고 볏짚은 논토양을 배불릴 먹일 밥과 같은 것이어서 논에다 반드시 되돌려주어야 한다.

우리나라 밭토양 특성은 어떤 특징이 있을까?

우리나라 밭토양은 물대기가 어려운 경사가 급한 곳에 많이 위치하여 양분 침식이 심하고 척박하다. 특히 고랭지 지역은 토양 침식이 아주 심해 자갈이 상당히 많다.

우리나라 평균 강수량은 약 1,200mm 정도로 세계 평균 880mm 보다 약 1.4배 정도 높지만 계절별, 연도별, 지역별 강수량의 편차가 심하며 장마철 집중 호우에 의한 토양 침식이 심한 편이다. 태풍과 같은 집중호우 때 쏟아지는 흙탕물은 작물의 뿌리가 자라는 표토층에서 떨어져 나간 토양의 일부분이 물과 함께 혼합된 것이다.

우리나라 밭 면적 중 74%가 곡간지와 구릉지 및 산록지에 산재해 있으며 해안 또는 하천주변의 평야지에 분포하고 있는 것은 9%에 불과하다. 그래서 토양 유실과 양분의 용탈이 심하여 지력이 저하된 토양으로 변모된 것이 많다.

밭에는 논처럼 많은 양의 물을 관개하지 않으므로 관개수에 의한 천연

양분 공급이 없고, 오히려 집중강우에 의한 양분 용탈이 심하며 토양의 모재가 화강암과 화강편마암으로 이루어져 있어 산성토양이 대부분이다. 산성토양에서는 활성 철과 활성 알루미늄이 인산 성분과 만나면 인산철(Fe-P)과 인산알루미늄(Al-P)으로 고정되어 작물이 이용 가능한 유효 인산 성분은 낮은 편이다.

인산 고정 메커니즘은 알칼리 토양에서는 칼슘(Ca)과 결합하여 $Ca_3(PO_4)_2$와 같은 난용성 인산염이 침전된다. 산성토양에서는 알루미늄(Al), 철(Fe)과 결합하여 $AlPO_4 \cdot 2H_2O$, $FePO_4 \cdot 2H_2O$ 침전물을 형성하여 난용성 물질로 변하여 식물체가 이용하지 못하는 침전(Precipitation)에 의한 인산고정과 토양내 점토질 광물 표면에 특이적 흡착에 의한 인산고정이 있다.

인산고정을 줄이는 방법으로는 인산비료를 토양과 가능한 접촉을 줄이며(예: 뿌리근접 시비), 유기물의 부식질이 많으면 인산의 불용화가 경감되므로 유기물 함량이 높은 발효부숙 퇴비를 시비 하며, 비료 입자를 크게 하고 기본적으로 석회비료를 시용하여 토양 산도를 줄이면 효과가 높다.

단일 작물을 수십 년간 계속적으로 연작 할 경우 토양 내 어떤 특정성분은 작물에 의하여 과다하게 수탈되고 어떤 특정 성분은 과잉으로 축적되어 심한 영양불균형을 초래함으로써 여러 가지 연작장해의 문제를 일으키기도 한다.

우리나라 전국 평균 밭토양의 pH는 약 5.7이고 알칼리성 이온인 칼슘과 마그네슘 성분이 부족하다. 정부에서 밭토양 토양개량을 위해 석회질 비료를 무상으로 농민들에게 공급하고 있는데 농민들은 논에 사용하는 규산질 비료처럼 석회질비료를 등한시 하여 밭에 잘 뿌리지 않고 밭두둑에 쌓아두는 경향이 있다.

석회질 비료는 밭 토양의 보약과 같은 토양개량제여서 반드시 3년마다

300평당 약 200~300kg 정도를 살포하여야 한다. 토양 pH 개선을 통해 인산고정을 막고 미생물 활성도를 올릴 수 있고, 칼슘과 마그네슘 공급뿐만 아니라 작물의 양분 이용 효율도 높일 수 있기 때문에 pH가 높은 석회질 비료를 반드시 시용하여야 한다.

우리나라 전국 평균 밭토양의 유기물 함량은 약 2% 정도인데 유기물 함량을 3% 이상 높이도록 노력하여야 한다. 토양내 유기물 함량을 높이기 위해서는 녹비작물 재배와 목질계 퇴비 시용이 좋다. 이밖에도 최대한 밭토양 안으로 유기물이 많이 투입될 수 있도록 최대한 노력하여야 한다.

토양에서 생산된 농산물을 토양 바깥으로 가져간 만큼 유기물을 다시 토양으로 환원시켜야 토양의 살림살이가 줄어들지 않는다. 통장에서 돈을 빼 쓰기만 하고 채워 넣지 않으면 통장 내 잔고가 없는 것처럼 토양도 마찬가지지로 뽑아 쓴 만큼 채워 넣지 않으면 토양의 잔고는 없어지게 된다.

우리나라 시설 재배지 토양에는 어떤 특성이 있을까?

시설재배지 토양은 노지 토양과 다르다. 자연순환식 구조를 강제로 비닐로 차단함으로써 염류가 외부 환경으로 용탈되기 보다는 시설지 토양 내에 집적되기 쉽고, 온도가 높고 증발량이 많아 염류가 표층에 집적되기 쉽다.

토양 속에 있던 물이 증발하면서 표층으로 올라올 때 염류와 함께 올라오게 되는데 물은 증발되고 염류는 표층에 남게 된다. 또한 토양 상태가 변함으로써 토양 미생물상이 변하고 토양전염성 병균 및 선충 피해가 심하며 유해 물질이 많이 축적되기 쉽다. 염류 집적으로 이온간의 길항 및 상호 작용으로 염기 흡수를 저해하고 토양용액의 염농도가 뿌리보다 높을 경우 식물은 수분을 흡수하지 못하고 오히려 식물체 내에 있는 수분이 토양 쪽으로 빼앗기는 경우도 있다.

우리나라 시설하우스 농가는 장기간 단일작물을 연속적으로 경작하는 경향이 있고 과다한 화학비료 및 퇴비를 시용하고 있다. 그 결과 토양 양분은 철철 넘쳐나 배가 너무 부른 비만 상태에 빠져 있는 게 현실이다. 그래서 무엇을 넣어줄 것인가의 고민보다는 어떻게 빼낼 것인가를 고민할 시점에 와 있다. 또한 토양 검증을 통해 토양 내 양분의 과부족을 과학적으로 분석하여 양분 공급을 하지 않고 관행적인 관습에 의거나 비료업체들의 홍보를 통해 비료 시비를 하는 경향이 많다.

토양내 염류집적을 방지하기 위해서는 토양진단을 통해 토양내 양분 유효도를 고려하여 시비를 하고, 가축분뇨 등 미부숙 퇴비 시용을 자제하고 작물의 양분 이용율이 높은 작물별 맞춤형 완효성비료를 시비하는 것이 좋다.

작물별 맞춤형 완효성비료는 밑거름 1회 시비로 작물별 종류에 따라 작물의 양분흡수 특성에 알맞게 비료의 양분을 작물이 필요한 시기까지 지속적으로 공급하는 비료를 말한다. 현 일반 화학비료 시비 대비 50% 이상 비료 시비량을 절감할 수 있어 현존 화학비료 제조 기술 중에서 최고의 기술로 인정하고 있다.

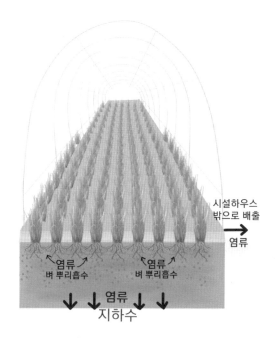

시설하우스
밖으로 배출

염류

염류
벼 뿌리흡수

염류
벼 뿌리흡수

염류
지하수

그림 10. 벼 재배를 통한 염류 집적 시설 하우스 토양 개선 방법

염류가 집적된 토양을 제염하는 가장 일반적인 방법은 담수에 의한 제염 방법이다. 이 방법은 다른 제염방법보다 효과가 가장 크고 간단하여 시설 재배지에서 많이 이용되고 있다. 또한 시설하우스 토양의 염류집적 및 작물기생 선충 방제를 위해서는 여름철 휴한기인 7~8월에 청예작물(Cleaning Crop)인 수단그라스, 크로탈라리아 등을 파종, 약 40일간 재배하는 것이 좋다.

토양선충 발생이 심할 경우, 후작물 재배 전 최소 20일 전에 녹비작물을 잘라서 토양에 넣고 그 위에 비닐을 피복해 부숙시킨 후 작물을 심는 것이 효과적이다. 또한 염류 집적이 높은 시설하우스 토양에 양분함량이 높은 가축분 퇴비 시용은 절제하고 양분 함량이 낮고 토양내 유기물 함량을 크게 증가시킬 수 있는 목질계 퇴비 시용이 효과적이다.

자화상 1

하병연

뽑아야 하리
징글징글 자라는 저 풀을

일렁이는 바람
땅 가차이 내려온 해

뿌리를 정글정글 내리는
내 안의 풀밭

끙,
간당 뽑히지 않는 한 생生

우글부글,
애만 타다가

낮 시간들은 저문다

사람 속에 있는 욕망의 수는 몇 개나 있을까? 밭에 나는 저 풀만큼 많지 않을까 싶다. 징글징글, 정글정글, 우글부글 내 속에서 자라는 이 많은 풀들을 언제, 어떻게, 왜 뽑아 낼까? 그냥그냥 놓아둬볼까?

하루해는 빨리 지는 법인데……

3장 │ 퇴비 및 유기물

씨앗

하병연

아직 꿈에서 깨어나지 않은 연약한 몸들이
조용하다

푸른 잎으로 살았던 지난 여름이
골똘하게 생각의 어금니를 깨물고

어떤 일이 꼭 일어나야 한다는 눈빛으로
나의 영혼을 그 작은 우주 안으로 이끈다

엄지와 검지 사이로 씨앗 몇 낱을 집어 올려본다
무게를 감지할 수 없는

어둡고 둥근, 고요 속 흰나비 떼

씨앗을 파종해보면 내가 어미가 된 것 같다.
씨앗의 간절한 눈빛은 농부의 마음을 움직인다.
씨앗 하나에 우주가 들어 있다.
그 씨앗을 심어 잘 가꾸다 보면 흰 나비떼가 찾아온다. 그래서 나는 어미가 된다.

제3장_퇴비 및 유기물

토양에 왜 퇴비를 넣어주어야 하나?

퇴비는 토양 유기물 함량을 증가시키고 양분을 공급해주는 역할을 동시에 한다. 하지만 퇴비의 가장 큰 역할은 화학비료처럼 양분 공급을 우선으로 하지 않고 토양 유기물 증진에 있다.

토양 유기물은 토양에서 미생물의 밥과 같은 역할을 하고 딱딱한 토양을 부드럽게 해주어 작물 뿌리를 잘 자라게 한다. 또한 유기물이 발효하면서 나오는 부식산과 같은 점액질은 토양 입자를 뭉치게 하여 물의 배수성과 통기성을 좋게 해준다. 이것 이외에도 과일의 당도를 증가시키고 병해충 피해를 떨어뜨리고 토양 내 불용해성 양분들을 용해시키는 역할을 하기도 하며 토양 수분과 양분을 오랫동안 간직하는 역할을 한다.

농업에 있어서 토양 유기물의 역할은 무궁무진하여 우리 조상들은 대부분 자가 퇴비를 직접 제조하여 밭에 뿌렸다. 일 년 농사 준비에 퇴비 제조가 가장 중요한 일이라 여기며 풀을 베어다 소똥과 인분을 혼합하여 몇 번의 뒤집기 과정을 거쳐 퇴비를 만들어 사용하였다.

그렇다면 "왜 힘들게 토양에 퇴비를 넣어 줍니까?" 이런 질문을 농가들에게 하면 퇴비를 안 넣으면 농사가 잘되지 않아서 퇴비를 넣는다고 한다. 맞는 말이다. 퇴비를 토양에 넣지 않으면 밥과 반찬이 없는 텅 빈 밥상을 토양 생명체들에게 주는 것과 같다.

토양 속에도 엄연한 생태계가 존재하기 때문에 밥과 반찬이 있는 먹이가 필요한 데 퇴비를 주지 않으면 토양 생명체는 굶주릴 수밖에 없다. 토양 미생물을 포함한 토양 생명체들이 배가 고픈데 어떤 일을 할 수 있겠는가? 토양 생태계가 활발한 활동을 하기 위해서는 퇴비를 통해 유기물 밥상을 풍성하게 차려주어야 한다.

퇴비는 토양 내에서 지속적으로 발효되면서 작물이 이용할 수 있는 무기양분 이온들을 방출한다. 작물은 이런 무기양분 이온들을 뿌리를 통해 흡수하여 배를 채우는 데 퇴비에서는 화학비료처럼 양분 공급 효과가 일시적으로 일어나지 않고 작물 전 생육기간 동안 지속적으로 일어난다고 하여 '지효성비료'라고도 한다.

작물의 전 생육 기간 동안 부족한 양분을 지속적으로 공급해줌으로써 작물이 배를 굶지 않는다. 그래서 퇴비는 토양뿐만 아니라 토양 생명체와 작물에게 중요한 역할을 하기 때문에 퇴비 살포에 게으름을 피워서는 안된다.

어떤 퇴비가 좋을까?

봄철 꽃피고 물 맑을 때 사람들은 산과 들로 나들이를 많이 가는 데 대부분 농촌 지역의 논밭에서 나는 악취 때문에 곤란을 겪은 적이 있을 것이다. 논밭에 뿌려진 퇴비가 주원인이다.

3, 4월에는 전국적으로 퇴비가 각 농가에 보급되어 전국 퇴비공장들이 일 년 가장 바쁜 시기이고 농가들은 배달된 퇴비를 농경지에 뿌려주는 작업을 하면서 한해 농사를 시작한다. 원래 퇴비는 악취가 나지 않고 구수한 냄새가 나야 제대로 된 퇴비이다. 그 구수한 냄새는 그 속에 수없이 많이

들어있는 미생물에서 나는 냄새인 데 요즈음에는 이런 퇴비의 구수한 냄새를 맡을 기회가 많지 않다.

농가에서 자체적으로 자가 퇴비를 만들지 않기 때문이다. 퇴비를 자가 제조하기에는 많은 노력이 필요하다. 퇴비에 필요한 유기물을 확보하여야 하고 퇴비 발효가 잘 되도록 하기 위해 수시로 뒤집기를 하여 호기성 미생물의 생육환경 조건도 만들어 주어야 한다.

이런 복잡하고 힘든 과정이 수반되기 때문에 농가에서는 자가 퇴비 제조보다는 정부에서 보조해주는 퇴비 공장에서 대량으로 생산된 퇴비를 구매하여 사용하고 있다.

1920년대 우리나라 논토양/밭토양 유기물 함량은 전국 평균 4.4%/3.4%인 것이 현재는 2.3%/2.0% 정도로 낮아졌다. 1970년대 화학비료가 국내에 들어온 이후부터 토양에 퇴비 시용량이 줄어든 영향이 있겠지만 무엇보다도 토양 유기물 함량을 증가시킬 수 있는 퇴비의 원재료에도 영향이 있다.

각종 동식물 유체는 토양에 들어가면 여러 미생물의 도움으로 분해되어 갈색 또는 암갈색의 형태로 복잡한 물질로 변하게 되는 데 이것을 부식(腐植)이라고 한다. 그 화학적 구조, 구성 및 성질은 아직도 정밀하게 구명되지 못하고 있다.

토양 내 부식은 미생물 먹이, 작물 양분 공급, 용탈 등으로 토양에서 없어지게 되는데 일반적으로 한 해 농사로 300평당 년간 40~90kg 정도 소모된다. 이렇게 토양 부식이 줄어드는 만큼 외부에서 퇴비와 같은 유기물을 지속적으로 공급해주어야 한다. 예를 들어 우리나라 논에 보리 후작 없이 벼만 심어서 수확할 경우 한해 농사로 없어지는 부식의 양은 300평당 약 75kg이 없어지고 이를 보충하기 위해서는 볏짚 375kg이 필요하다.

식물체를 조성하고 있는 유기물을 분류하면 리그린, 셀룰로스, 헤미셀룰로스, 전분, 당류, 단백질 등이다. 이 중에서 리그린은 가장 분해되기 어렵고 다음으로 셀룰로스, 헤미셀룰로스이며 전분과 단백질은 분해되기 쉽다. 토양 유기물을 오랫동안 유지하기 위해서는 리그린과 같은 토양 내에서 분해가 잘 이루어지지 않는 원재료를 사용하면 된다. 그 대표적인 것이 목질계 퇴비이다. 산에서 나는 목재를 톱밥이나 칩으로 분쇄하여 퇴비화 과정을 거쳐 목질계 퇴비로 만든 것이다.

우리나라에서는 목질계 퇴비가 아직 많이 생산되지 않고 있지만 전국토의 70% 이상이 산림지이고 거기에서 생산된 목재로 목질계 퇴비를 제조하여 농경지로 투입된다며 농경지 비옥도는 한층 증가할 것이다.

예를 들어 볏짚 퇴비보다 톱밥 퇴비의 부식율이 약 4~5배 정도 높다. 하지만 목재에는 탄닌산, 테르펜유 및 수지 등과 같은 유기화합물이 있어 종자 발아나 뿌리생육 저해와 같은 부작용을 일으키기 때문에 반드시 충분한 발효 과정과 퇴비화 과정을 거쳐 완숙 퇴비 제품을 사용하여야 한다. 또한 완숙되지 않고 미 부숙된 퇴비는 퇴비화 과정에서 사멸되지 않은 병원균들이 있을 수 있고 잡초 씨앗과 버섯 종균들이 발아될 수 있기 때문에 주의해야 한다.

퇴비는 아니지만 리그닌 성분이 많은 농자재 중에 상토가 있다. 상토는 크게 수도(벼)용 상토와 원예용 상토로 구분하는데 원예용 상토의 주 원재료는 리그닌 성분이 풍부한 피트모스와 코코피트이다.

피트모스는 북유럽과 같은 한랭한 지역에서 수백 년 동안 물속에 잠긴 이끼를 가공 처리한 것이고 코코피트는 코코넛 껍질을 퇴비화 과정을 거쳐 가공한 제품이다. 이 제품은 리그닌 성분이 많아서 분해가 잘 안되어 토양에 들어가면 토양 유기물 함량을 쉽게 올릴 수 있다. 또한 씨앗을 발아시켜야 하기 때문에 상토의 원재료는 깨끗하고 안전한 제품을 사용할 수밖에 없어 제품의 안전성은 충분히 검증된 것이기 때문에 상토를 퇴비 대용으로 사용해도 좋다.

만약 퇴비공장에서 생산된 가축분 퇴비를 사용하여야 한다면 퇴비 원재료가 무엇인지 꼼꼼히 따져본 후 사용하여야 한다. 공장 폐기물, 하수 오니, 음식물 찌꺼기 등과 같은 원재료의 특성을 잘 알 수 없는 제품은 가급적 사용하지 말아야 한다. 왜냐하면 그 제품에 중금속 성분이 포함되어 있다면 토양 및 작물 수확물도 중금속으로 오염 될 가능성이 높기 때문이다. 또한 퇴비 포대를 파포하였을 때 역겨운 악취가 날 경우는 충분한 발효과정을 거친 퇴비가 아니기 때문에 좋은 제품이라 할 수 없다. 신선한 토양에 폐기물을 뿌려서는 안된다.

만약 정부 보조금을 받아 할 수 없이 이런 제품을 사용하여야 할 경우는 퇴비 수령 당해 연도는 사용하지 말고 퇴비를 일 년 동안 쌓아두어 충분히 부숙 과정을 거친 후에 사용하면 악취는 줄어든다. 신성한 토양에 구린내 나는 상한 밥을 먹여서는 안 된다. 토양도 배탈이 나기 때문이다. 배탈 난 토양은 고치기가 사람보다 훨씬 어렵고 또 어렵다. 어느 의사가 어떻게 배탈 난 수천억 마리 미생물의 배를 고칠 수 있겠는가?

어떻게 퇴비를 만들까?

작물을 땅에서 길러보면 작물이 나에게 주는 좋은 에너지는 이루 말 할 수 없다. 경제적 논리보다는 힐링과 건강을 목적으로 한다면 직접 퇴비를 만들어보는 것도 좋다.

퇴비 만들기는 작물 기르는 것과 같이 퇴비도 작물처럼 시간을 두고 가꾸어야 한다. 그냥 퇴비더미를 만들어 놓고 가꾸지 않으면 퇴비는 발효되지 않고 썩어 버린다. 썩은 퇴비를 내 땅에 뿌리면 좋을까? 퇴비도 신선하고 싱싱해야 토양 안에 있는 무수한 생명체들이 그것을 먹고 건강하게 잘 자란다.

　그렇다면 자급용 퇴비를 어떻게 만들까? 퇴비를 만들려면 먼저 퇴비를 만들 장소가 필요하다. 가장 좋은 장소는 비가 맞지 않는 비가림 시설이 있는 곳이 좋고 만약 이런 장소가 없다면 밭 귀퉁이 노지에서 하여도 큰 문제는 없다. 먼저 텃밭 가장자리에 퇴비 방을 만들어야 한다. 구멍이 뚫린 큰 벽돌로 5~10개 정도 쌓아 직사각형 퇴비 방을 만들어 놓고 농사짓다 남은 작물 부산물이나 풀, 나뭇가지, 음식물 찌꺼기, 커피찌꺼기 등을 켜켜이 쌓아둔다. 퇴비 만들기는 어렵고 힘든 과정이지만 내 농작물이 먹고 자라는 데 필요한 밥상을 마련해준다는 마음이면 충분히 만들 수 있다.

　퇴비를 만들 가장 편리한 시기는 늦가을에서 초겨울에 좋은데 그 이유는 일 년 농사가 끝난 시점이어서 농가에서는 조금 한가한 편이고 볏짚, 배춧잎, 나뭇잎 등과 같은 농사 부산물이 가장 많이 나오는 시기이며 퇴비 발효 과정 중 냄새가 덜 나는 시기이기 때문이다. 또한 늦가을에서 초겨울에 퇴비를 만들어 놓으면 겨울 내내 발효 과정을 거쳐 봄철 퇴비낼 때 발효가 대부분 이루어져 있어 좋은 퇴비를 이용하기에 알맞기 때문이다.
　퇴비장을 마련하였으면 퇴비 원재료를 구하여야 하는데 퇴비 원재료는 주변 유기물이면 모두 다 가능하다. 가정에서 나오는 음식물 찌꺼기, 커피 및 차 찌꺼기, 한약 찌꺼기 등도 좋은 재료이기 때문에 수시로 가져다가 쌓아 두면 된다.

퇴비장

그림 11. 농사의 시작은 퇴비 만들기부터이다. 자가 퇴비장이 있어야
친환경 농사가 가능하다

  주변 방앗간에 가면 기름 짜고 남은 깻묵이 있는데 이 깻묵을 사면 타
원재료보다 퇴비의 영양분을 더욱 풍부하게 할 수 있다. 또한 주변 한의원
이나 건강원에 가면 한약 다리고 남은 한약 찌꺼기가 퇴비의 보약이라고
생각하고 평상시 원장과 안면을 익혀 한약 찌꺼기를 정리할 때 가져와서
퇴비장에 쌓아두면 된다.

  가정용 소형정미기가 있는 가정이나 미곡처리장(RPC)에서는 쌀겨와 왕
겨가 나오는데 쌀겨와 왕겨도 좋은 퇴비 재료이기 때문에 구매하여 준비
해둔다. 가을이 되면 볏짚이 나오는데 볏짚은 통볏짚과 잘린 볏짚을 각각
준비하면 좋은데 통볏짚은 퇴비를 다 만든 후 맨 꼭대기에 덮어두기 위함
이고 잘린 볏짚은 퇴비의 원재료로 활용한다.

주변 생선가게나 횟집에서 나오는 생선 부산물은 바다 미네랄 성분을 보충해줄 수 있기 때문에 퇴비의 원재료로 활용가능하다. 또한 가까운 야산에 가서 낙엽과 부엽토 몇 포대를 담아서 가져와 사용하면 산에 있는 좋은 미생물을 보충시킬 수 있는데 침엽수보다는 활엽수 낙엽과 부엽토가 더 좋다.

주변에 목재제재소나 산림조합 톱밥 가공 공장이 있으면 톱밥이나 목재 찌꺼기도 구입하여 사용하면 땅속에서 퇴비의 효과를 오랫동안 유지할 수 있다. 칼슘 성분과 미량원소가 풍부한 조개껍데기를 분쇄하여 가공한 패화석비료도 준비해두는 것이 좋다.

퇴비 원재료를 모두 준비하였다면 준비해온 원재료를 골고루 섞일 수 있게 혼합한다. 혼합이 끝났으면 퇴비장에 퇴비를 앉혀야 하는데 이때 물이 필요하다. 퇴비 원재료를 약 15cm 정도 한 켜 앉히고 물을 뿌려 주어야 하는데 수분 함량은 퇴비 원재료를 손에 움켜쥐고 손가락 사이로 물이 배어나올 정도(수분 60~70%)가 적당하다. 수분이 너무 많으면 퇴비가 부패할 가능성이 있기 때문에 주의하여야 한다.

퇴비내 미생물의 먹이와 퇴비 발효 촉진을 위해 예전에는 인분을 뿌려주었으나 지금은 그렇게 할 수 없기 때문에 유기농 계분을 구하여 뿌려주면 된다. 만약 이것도 없으면 요소비료를 퇴비원재료 사이사이에 뿌려주면 발효가 아주 잘된다. 수분을 함유한 퇴비 원재료들을 모두 쌓아 올렸으면 퇴비 원재료들끼리 서로 접촉할 수 있도록 맨 꼭대기에서 발로 꾹꾹 눌러주고 통볏짚을 덮어준다.

야외에서는 빗물이 스며들지 않도록 하기 위해 비닐로 덮어주면 좋다. 이렇게 해두면 퇴비 원재료들은 미생물 발효가 진행되고 발효가 진행됨에 따라 퇴비에서 김이 올라오고 온도가 올라가게 되는데 이때 뒤집기를 실시하여 산소 공급을 원활히 한다.

산소를 좋아하는 호기성 미생물의 활성이 더 올라갈 수 있도록 뒤집기는 약 10일 간격으로 3~5회 정도 실시한 후 적재 보관하면 겨울 내도록 퇴비 원재료들은 퇴비화가 진행되어 봄철에는 좋은 퇴비로 바뀌게 된다. 퇴비 더미 내 산소가 부족하면 호기성 미생물의 증식에 문제가 발생되어 발효 는 중단되거나 더디게 진행되며 퇴비온도는 떨어지게 되므로 뒤집기를 게 을리 하여서는 안된다.

퇴비 내 산소 농도는 18% 이상으로 증가시키면 퇴비 분해율은 증가되 고 퇴비화 과정을 잘 거쳐 부숙이 잘된 퇴비의 경우 최소 수분 함량은 약 22% 정도가 된다. 봄철 퇴비를 사용할 때 부숙이 잘된 퇴비를 우선적으 로 사용하고 퇴비가 잘 안된 유기물은 다시 퇴비화 과정을 거친 후 다음 해에 사용하여야 한다.

이러한 퇴비화 공정을 통해 출현하는 다양한 미생물이 출현하는 데 퇴비 화에 있어서 최적 분해온도는 55~59℃이며 60℃ 이상이면 미생물의 활 동은 억제된다. 하지만 잡초 씨앗, 식물 병원균, 각종 바이러스, 유해선충 을 방제하기 위해서는 초기 퇴비발효 온도를 80℃ 이상 유지시켜 일정기 간 부숙시킨 후 중후반기에는 약 60℃ 이하의 온도에서 부숙시키는 것이 좋다.

이와 같이 제대로 발효되지 않은 미부숙 퇴비를 사용할 시 잡초씨앗과 각종 병원균 및 유해선충을 토양에 집중적으로 투입하는 꼴이 되기 때문 에 충분히 발효된 양질의 퇴비를 사용하여야 한다.

따라서 퇴비는 서로 다른 유기물들이 한데 뭉쳐야 하고 그 속에 사는 미 생물을 위해 양분 공급으로 계분이나 요소비료를 주어야 하고 적당한 수 분과 산소를 공급을 위해 3~5회 정도 뒤집기를 하면 좋은 퇴비를 만들

수 있다. 결국 퇴비는 그 속에 사는 어린 미생물들이 잘 먹고(양분) 잘 살기 위해(뒤집기, 수분) 농부의 손길이 절대적으로 필요하다고 할 수 있다.

토양에 퇴비를 언제, 얼마만큼, 어떻게 넣어주면 좋을까?

퇴비를 잘 만들었으면 퇴비를 토양에 넣어주어야 하는데 토양 위에 뿌려주는 것 보다 토양과 함께 혼합하여 주는 것이 퇴비 효과 면에서 훨씬 좋다. 토양 개선 면이나 미생물 먹이 공급용으로 보아도 토양과 함께 혼합하는 것이 더 좋은 것은 당연한 이치이다.

퇴비는 토양의 상태에 따라 시용량이 달라져야 하는데 토양 유기물 함량이 적고 모래땅인 사토(沙土)에서는 시용량을 많게 하여 토양의 지력(地力)을 올려야 한다. 하지만 퇴비를 무작정 많이 넣어 준다고 해서 토양에 좋은 것은 아니다.

특히 요즈음 가축분 퇴비에는 유기물 함량은 적고 양분 함량이 높은데 너무 많은 양을 토양에 넣으면 뿌리썩음병이 발생하거나 염류가 집적되어 작물이 잘 자라지 못하게 된다. 발효가 덜 된 미숙퇴비를 토양에 넣으면 토양 안에서 발효 과정이 진행되면서 유해한 가스를 발생시키고 작물과 양분 경합이 일어나고 유해한 병원균이 발생될 가능성이 높아 농사를 망치는 경우가 있다.

시설하우스 안에서는 미숙 퇴비에 의한 가스 장애로 작물 피해가 많이 발생되고 있는데 환기가 되지 않은 밀폐 공간에서 자라는 작물은 미부숙 퇴비에 의해 가스 피해를 직접적으로 받는다.

퇴비를 토양과 혼합하는 시기는 작물 재배 전 약 보름 전에 살포하는 것이 안전하다. 혹 미발효 퇴비에 의한 가스 발생이 있을 수 있기 때문에 사전에 예방하기 위함이다.

가축분 퇴비는 가축분에 의한 양분 함량이 높기 때문에 300평당 200~300kg 정도 살포를 권장하고 볏짚과 농산물 부산물을 이용하여 충분한 부숙 발효에 의해 안정적으로 생산된 자가 퇴비는 300평당 1~3톤을 넣어도 큰 문제는 없다. 다만 자신의 토양 상태에 따라 해마다 조금씩 시비량을 달리 조절하여야 한다. 하지만 퇴비를 너무 많이 넣어주면 퇴비 내 영양분으로 인해 작물이 웃자라거나 병해충 피해를 많이 입을 수 있기 때문에 자신의 토양 상태를 보고 퇴비의 양과 종류를 결정하는 것이 좋다.

퇴비를 안 넣고 농사 지을 수 없는가?

토양의 물리성, 화학성 향상 및 미생물성 활성에 절대적인 역할을 하는 토양 유기물은 토양 내 부식물질을 만들지만 해마다 부식물질은 조금씩 없어진다. 없어진 부식량 만큼 유기물을 토양에 공급해 주어야 하는데 완전 발효 퇴비는 토양 부식 생성에 많은 역할을 한다. 결국 토양 내 유기물 함량은 일정 수준 이상으로 계속 유지시켜야 농사를 제대로 지을 수 있다는 얘기이다.

퇴비를 토양에 넣지 않고 토양 유기물 함량을 일정 수준 이상으로 계속 유지시킬 수 있는 방법은 초생(草生) 재배인 녹비 작물 재배이다. 심근성 작물인 녹비 작물은 뿌리를 깊게 내려 토양 물리성을 개선시키고 토양 하부까지 유기물을 공급하며 지상부 식물체를 베어서 토양과 함께 혼합하여 주면 작물 근권 내 유기물을 공급해준다.

들깨, 참깨, 옥수수는 키가 커서 유기물 함량이 많고 수확 후 지상부 식물체를 잘라서 토양에 넣어주거나 잡초 방제를 위해서 멀칭용 재료로 활용한다. 작물 수확 후 식물체는 토양 바깥으로 빼내지 말고 그대로 토양에 되돌려주어야 하고 되도록 발효가 잘될 수 있도록 잘라주거나 토양과 혼합해주면 좋다.

대부분의 녹비 작물의 생체량은 작물 종류에 따라 차이는 있겠지만 2~4톤/300평정도 수확되고 수분을 뺀 건물(乾物)은 약 15~20% 정도이어서 경작지에 투입되는 유기물량은 많은 편이다. 예를 들어 콩과 작물인 헤어리베치를 가을에 파종하여 5월 초에 2,600kg/300평을 수확하였다면 유기물인 건물(乾物) 수량은 400kg/300평을 얻을 수 있고 그 속에 함유된 양분은 질소 12.8kg, 인산 1.6kg, 칼륨 14.8kg, 칼슘 2.8kg, 마그네슘 0.8kg 등을 얻을 수 있다.

녹비 작물 씨앗 구입은 지자체별로 지원해주는 곳도 있는데 시군에 녹비 작물 씨앗 보조지원 사업에 대해 문의하면 된다. 또한 인터넷상으로 녹비 작물 씨앗을 파는 업체들이 많이 있기 때문에 필요 시 구매하여 사용하면 된다. 하지만 토양 내 유기물 함량이 최소 3% 이상이 될 때까지는 발효가 잘된 퇴비를 토양에 넣어주는 것이 안전하게 농사를 지을 수 있다.

산에 있는 나무들은 퇴비와 같은 인위적인 농자재를 투입하지 않고도 잘 자란다. 그 이유는 지상부에 있는 유기물, 즉 낙엽이나 풀잎 등이 외부 바깥으로 빠져 나가지 않고 그대로 땅으로 떨어져 토양 내 유기물 함량을 높이기 때문이다.

우리는 쉽게 산림이 우거진 토양의 겉 표면에 낙엽층으로 쌓여 있는 유기물을 쉽게 볼 수 있다. 그러하니 농부는 저 산에 있는 나무들처럼 작물이 사는 토양에 퇴비와 유기물을 넣는 것에 게을리 하여서는 안된다. 농사의 기본은 땅심을 올리는데 있는데 그 기본이 토양 유기물 함량을 올리는 것이다. 퇴비는 토양 생물체들의 밥이다. 땅의 일꾼들의 배를 굶기면서 어떻게 일을 시킬 수 있겠는가?

퇴비를 왜 밭에만 주고 논에는 안 주나?

1970년대 국내 화학비료가 들어오기 전에는 대부분의 농가에서는 퇴비를 밭뿐만 아니라 논에도 퇴비를 넣어주었다. 정부에서는 퇴비 증산을 장려하기 위해 각 면 단위별로 퇴비 증산 대회를 열고 최대 생산량과 품질을 보고 상금을 주기도 하였다.

화학비료 가격이 떨어지고 일반화되자 농가에서는 퇴비장을 없애고 그 자리에 정부에서 보조해주는 화학비료를 적재하게 되었다. 그 이후 몇 십 년이 흘러 정부는 화학비료 보조를 없애고 그 보조금 전부를 퇴비에 주었다. 농민들은 공장 형 퇴비를 받아쓰기 시작하게 되었고 개인 퇴비장은 사라지게 되었다. 하지만 공장형 퇴비에 의한 피해가 속출하게 되었고 농토는 질 나쁜 퇴비를 고스란히 받게 되었다. 질 나쁜 퇴비를 자기 살 속에 품고 있는 토양을 생각하면 가슴 아픈 일이 아닐 수 없다.

원래 퇴비는 논밭을 가리지 않고 모든 토양에 뿌려주는 것이 알맞다. 만약 퇴비를 밭이나 과수원에 뿌리지 않고 농사지을 수 있다면 퇴비는 영영 사라질 것이다. 그러면 논에는 왜 퇴비를 뿌리지 않을까? 그 원인은 물에 있다.

쉽게 이해하려면 비닐하우스에서 비료를 주기 위해 물에 화학비료를 녹여서 주는 양액비료를 생각하면 된다. 물이 있는 논에도 화학비료를 투입하면 물속에 비료 양분이 녹아있는 양액비료와 같게 된다. 물 속 비료 양분이 벼에게 골고루 양분을 주게 된다. 논토양은 물과 함께 트랙터로 로터리를 쳐서 벼 뿌리가 자라기 알맞게 토양 경도를 낮게 해놓았기 때문에 물컹한 토양 속으로 벼 뿌리가 자라는 데에는 문제가 없다.

또한 논토양은 물이 있어 무기양분을 쉽게 녹일 수 있고, 도랑을 통해 논으로 공급되고 있는 물속에도 많은 무기양분이 있어 비료를 적게 사용하여도 벼 수확량은 높다.

예를 들어 농촌진흥청 추천 300평당 벼의 질소 시비량은 9kg이지만 노지 재배 고추는 22.5kg, 노지 재배 토마토는 24kg이 필요하다. 그만큼 물이 있는 논에서 재배되고 있는 벼는 적은 양의 양분을 투입하고도 그 수확량은 어마어마하다. 그래서 논에서 자라는 벼는 사람의 양식으로 사람을 위해 아낌없이 주는 신의 선물이라 할 수 있다.

하지만 화학비료가 국내에 들어온 후 벼논에 굳이 퇴비를 사용하지 않고 화학비료만 사용하여도 벼 수확량이 떨어지지 않게 되자 논에는 퇴비를 사용하지 않게 되었다. 심지어 벼 수확 후 남은 볏짚을 가축 먹이용으로 사용하기 위해 가져가 버리기까지 하게 되었다.

그 결과 1920년대의 논토양 유기물 함량은 전국 평균 약 4.4%이었던 것이 1935년에는 3.2%, 1945년에는 3.0%, 1960년대에는 2.6% 그리고 최근 조사치는 2.3%로 계속 낮아지고 있다. 예전 화학비료 없이 퇴비로 키운 벼를 도정한 쌀로 지은 밥은 구수하였고 밥맛도 아주 좋았지만 화학비료만으로 키운 벼는 왠지 밥맛이 옛날과 같지 않다.

밥맛이 좋고 양질의 유기농 벼를 재배하기 위해 일부 농가에서는 논에 화학비료를 사용하지 않고 자가 퇴비를 투입하여 벼를 기르고 있다. 필자도 모 지자체 브랜드 쌀의 품질 향상을 위해 화학비료 대신 퇴비를 사용하여 벼의 수확량과 미질 평가에서 화학비료보다 우수한 성적을 거두어 퇴비 시용에 의한 양질미 생산 가능성을 확인한 바 있다.

현대의 분석 장비로 분석할 수 없는 수많은 성분들이 천연물로 만든 퇴비 속에 있기 때문에 퇴비를 시용해 재배된 벼는 하늘이 내린 영양분을 가득 품은 자연이라 할 수 있다. 잘 만든 퇴비가 맛좋은 쌀을 생산한다. 너무 당연한 사실이지만 이를 실천하는 농가가 적다.

무엇보다 돈을 더 지불하더라도 영양분 많고 맛좋은 쌀을 사 먹으려는 소비자가 많을수록 고품질 퇴비 쌀 생산은 자연스럽게 많아지게 될 것이다.

퇴비가 병충해 피해를 방제 할 수 있을까?

단일 작물을 한 자리에서 오랫동안 재배하다 보면 병해충이 많이 발생한다. 특히 뿌리혹선충이 토양 내에서 많이 발생하게 되는데 합성농약으로 토양 안에 사는 선충을 방제하기에는 매우 어려운 일이다.

잘 부숙된 퇴비 1g에는 수천만 마리의 미생물이 살고 있는데 이런 퇴비는 미생물의 아파트라고 표현하여도 과언이 아니다. 잘 부숙된 퇴비는 퇴비의 물리·화학적 효과뿐만 아니라 미생물 효과도 매우 커서 농부는 작물 가꾸듯이 퇴비도 가꾸어야 한다.

토양에 병원균이 들어 왔을 때 퇴비 내 있는 수많은 천적 미생물이 병원균에 대항하여 병원균을 몰아내게 된다. 예를 들어 잘 부숙된 퇴비에 의해 토양 유기물이 풍부한 토양은 토양의 물리성이 좋아져 배수와 통기성이 좋아지고 미생물의 먹이가 풍부하여 미생물의 수가 많아지게 되면 지렁이가 많아지게 된다.

지렁이는 이런 유기물을 먹고 배변을 하게 되고 그 배변을 통해 작물은 양분을 쉽게 흡수 할 수 있게 되며 토양 선충의 천적인 지렁이는 토양 선충을 먹이로 먹음으로서 토양선충을 방제할 수 있게 된다. 또한 식물성장

촉진 근권 미생물(PGPR)은 작물 뿌리에서 항생물질을 생산하여 병원균으로부터 작물을 보호하거나 작물 성장 호르몬을 직접 생산하여 작물 생육을 촉진시킨다.

잘 발효시킨 퇴비 속에는 흰 눈덩이처럼 보이는 것이 있는데 이것이 유익한 방선균으로써 이 방선균이 병원균과 대항할 수 있는 스트렙토마이신, 테라마이신, 페닐실린 등과 같은 천연 항생물질을 형성하여 토양 속에 있는 나쁜 병원균을 잡아먹는 역할을 한다.

이렇게 토양 생태계가 잘 조화롭게 살아가게 되면 자연히 토양과 작물은 다 함께 건강하게 살아갈 수 있다. 경상대학교 석종욱 박사팀에 의해 연구된 '유기성 부산물 퇴비 처리가 상추의 뿌리혹선충 방제 및 생육에 미치는 영향' 연구 논문에서는 퇴비 시용량(0, 300, 1,000kg/300평)에 따라 상추의 뿌리혹선충 방제에 대한 효과를 연구하였는데 퇴비 시용량 증가에 따라 뿌리혹선충 방제 효과가 유의성 있게 나와 충분히 완숙된 유기성 부산물 퇴비 처리는 상추의 뿌리혹선충의 발병률을 낮추고 좋은 미생물인 방선균 밀도를 증가시킴과 동시에 토양의 지력도 향상시켜 상추 생산량을 증가시킬 수 있는 친환경적이고 효과적인 뿌리혹선충 방제법[14]임을 확인하였다.

따라서 잘 발효된 퇴비는 토양의 물리성, 화학성, 미생물성을 향상시킬 뿐만 아니라 유익한 미생물을 많이 번식시킴으로서 병충해 방제 효과도 있어 농사에 있어서 기본은 건전한 퇴비 만들기라고 해도 과언이 아니다.

---

14)유기물 부산물 퇴비 처리가 상추의 뿌리혹선충 방제 및 생육에 미치는 영향, 석종욱 외, 농업생명과학연구 Vol.51. pp. 21-31 No.4(2017)

퇴비차로 작물 키우기

잘 발효된 퇴비는 땅의 보약이고 미생물의 집이다. 이런 퇴비를 토양에 직접 넣지 않고 일반 차처럼 물에 우려서 그 물을 작물의 잎에 뿌리거나 물 호스를 이용하여 토양에 관주하는 방법이 있다.

퇴비차는 유기농업이 발달한 독일 등과 같은 유럽에서 널리 행해지고 있는 농법으로 퇴비에 좋은 성분, 즉 무기양분, 휴믹산, 풀빅산, 미생물 대사 산물(유기산, 아미노산, 핵산, 항생물질 등)등을 물로 우려내어 작물 생육 효과, 병해충 예방효과, 토양 입단화 효과, 토양내 유효 미생물 증진 효과 등을 동시에 거둘 수 있어 농사에 유익한 농법이라 할 수 있다. 우리나라에서도 시설하우스 및 과수 농가 중심으로 퇴비차를 만들어 사용하고 있다.

퇴비차를 만드는 방법은 간단하다. 1(퇴비) : 10~20 (물)의 비율로 거름 망(부직포, 스타킹, 한약다림추출포)에 넣고 공기를 넣을 수 있는 기포기를 설치하고 약 1~2일 동안 우려내면 된다. 토양에 관주하거나 엽면시비 시에는 약 10배 정도 물에 희석하여 사용하면 된다. 퇴비차가 완성되면 바로 사용하는 것이 좋은데 그 이유는 호기성 미생물이 공기가 없으면 사멸되기 시작하고 비료의 무기양분이 공기 중으로 날아가기 때문이다.

거름망은 비료 시비 시 물속에 알맹이 큰 퇴비 입자가 있으면 물 호스의 노즐 구멍을 막거나 점적 관수 시 관수 구멍을 막아 시비에 문제를 일으키기 때문이다. 퇴비차를 사용할 때 최종적으로 거름망에 한 번 더 걸러서 사용하면 안전하다.

기포기는 잘 부숙된 발효 퇴비에 많이 있는 미생물 중 호기성 미생물의 증식을 위해 필요하다. 공기를 물속에 불어 넣어 주지 않으면 호기성 미생물은 증식하지 못하고 혐기성 미생물이 증식되어 퇴비차의 효능은 떨어진다. 고품질 퇴비차를 만드는 데 필요한 물속의 용존산소량은 퇴비차 제조

기간 내내 5.5ppm 이상으로 유지되어야 한다.

미생물의 증식을 위해 당밀이나 화학비료를 넣어주기도 하고 주변 농업기술센터에서 제공하는 광합성 미생물, 바실러스 미생물, EM 등을 전체 물 무게 대비 약 2% 이내로 넣어주면 된다. 퇴비차의 효과를 더욱더 증진시키기 위해서 암석가루, 휴믹산, 화학비료, 해조추출물 등을 첨가하여 사용하여도 좋다. 또한 히트(heat)기기를 사용하여 물의 온도를 20~25℃ 정도 높여주면 미생물의 활성은 더욱 올라간다.

퇴비차가 완성되면 구수한 냄새가 나야 한다. 악취가 난다면 퇴비차 제조가 잘못된 것이기 때문에 이것을 사용하면 안 된다. 원래 잘 발효된 퇴비는 방선균과 미생물 대사산물의 영향으로 악취가 나지 않고 특유의 구수한 냄새가 난다. 악취가 나는 퇴비는 퇴비가 아니다.

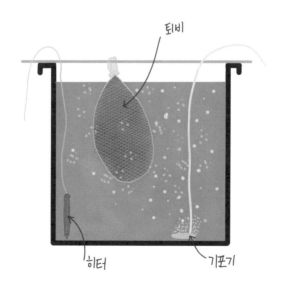

그림 12. 퇴비차 제조 장치

중국 보이차 중 보이숙차 제조 과정은 퇴비차 제조 과정과 유사하다. 차엽을 따서 위조(萎凋)과정(그늘에서 차엽 시들기), 살청(殺靑)과정(가마솥에서 차엽의 산화과정을 막기 위해 뜨거운 가마솥에서 차엽 볶기), 유념(揉捻)과정(차엽 비비기), 쇄청(晒靑)건조(유념이 끝난 차엽을 대나무자리 등에 넓게 펼쳐 놓고 햇볕에 말리는 과정)를 실시한 모차(毛茶)를 1m 이상 쌓아 올린 후 물을 뿌려 차엽에 수분을 가한 후 천을 덮어 미생물 발효를 진행시킨다.

이런 과정을 악퇴(渥堆)과정이라 하며 미생물이 모차의 영양분을 삼아 증식하면서 쌓아둔 모차 더미에서 온도가 올라간다. 너무 과도한 온도는 보이차의 품질을 떨어뜨리기 때문에 차 뒤집기를 실시하여 호기성 미생물의 증식을 돕는다. 뒤집기는 악퇴 총기간 약 45일에서 60여일 동안 6~10차례 정도하며 차의 상태와 차방의 제조기술에 따라 달리한다. 악퇴과정 중 발생하는 미생물은 흑국균, 효모, 페닌실리움, 리조푸스 등과 같은 다양한 종류가 있으며 이런 미생물의 영향으로 모차의 화학적 변화를 거쳐 특유의 보이차를 만든다. 이렇게 만든 보이차를 일정한 틀에 찍어 최종 제품을 만든다.

이와 같이 잘 발효된 보이차가 사람의 몸에 좋듯 잘 제조한 퇴비차는 작물의 생육에 도움을 준다. 사람도 수시로 차의 종류를 달리하여 차를 마시듯 퇴비차에 투입되는 원재료를 달리하여 퇴비차를 제조하여 작물에 뿌려주자. 건강을 위해 사람도 차를 마시듯 작물도 건강하게 잘 자라도록 퇴비차를 마시게 하자.

발아(發芽)

집어치워요 집워치워

지금까진 어머니 원하는 대로 살아왔잖아요

이제 그만하면 되잖아요

왜 당신의 웅크린 몸으로 살아야 하나요

당신 손으로 아무것도 잡을 수 없어요

그러니 천개의 혀로 나를 핥지 말아요

당신의 침속에 고인 나는 눈물을 흘릴 수 없잖아요

내 기억의 강물에는 푸른 물결이 흘러넘치거든요

이제 당신 몸을 뚫고 뿌리 내릴래요

너무 슬퍼하지 말아요. 어머니

어머니나 나나 원래부터 없었잖아요

새 생명이 잉태해서 태어나기까지는 많은 고난이 뒤따른다. 새 생명은 유전적으로 모체(母體)의 영향을 받았지만 이제 모체(母體)와 헤어지고 별개로 살아가야 한다. 소아(小我)에서 대아(大我)로 살아야 한다. 부모 그늘 밑에 있는 작물은 잘 자라지 못한다.

4장 비료

한톨의 비료

하병연

한톨의 비료는
열톨의 사람
백톨의 기계
천톨의 자연
그리고 만톨의 시간

한톨의 비료는
한 스푼의 쌀밥
한 조각의 김치
한 마리의 멸치
그리고 한 사람의 나

화학비료공장에서 오랫동안 근무한 경험이 있는 필자는 한톨의 비료가 나오기까지 많은 사람들과 무수한 자연의 노력이 필요하다는 것을 확실히 알게 되었다. 이제 화학비료를 천대 시 하지 말자. 한톨의 비료를 아끼고 소중히 다루자. 그래야만 지구도 살고 우리도 살 수 있다. 오늘 내가 먹은 밥상이 모두 비료 밥상 아니던가?

제4장_비료

비료란 무엇인가?

농민이 작물을 재배하기 위해서는 비료는 필수불가결한 농자재 중의 하나로서 정확하고 안전한 비료의 사용은 농작물의 수량과 품질에 가장 영향을 많이 미친다. 한마디로 말하면 비료는 농작물 판매로 인한 돈과 직접적으로 연계되기 때문에 비료를 잘만 쓰면 돈을 많이 벌 수 있다. 그럼 비료란 무엇일까?

비료의 정의로 국제 공업개발기구(UNIDO)에서는 '비료는 유기질, 무기질, 천연산, 합성품이 있으며, 식물이 정상적으로 생육하기 위하여 필요한 원소의 하나 혹은 그 이상을 공급하는 모든 물질'이라고 정의하였고 우리나라 비료관리법 제2조에서는 '비료라 함은 식물에 영양을 주거나 식물의 재배를 돕기 위하여 흙에서 화학적 변화를 가져오게 하는 물질과 식물에 영양을 주는 물질, 그밖에 농림수산식품부령으로 정하는 토양개량용 자재 등을 말한다.' 라고 하였다.

그래서 우리나라 비료관리법에서 관리하고 있는 비료는 화학비료뿐만 아니라 토양개량제, 퇴비, 유기질비료, 상토, 미생물 비료 등을 포함시켜 관리하고 있다. 즉 비료는 농부가 농작물을 위해 마련한 밥상 위에 있는 밥과 반찬이라고 할 수 있다. 유기농 작물을 키운다고 해서 비료를 주지 않고 그대로 작물을 키우면 작물은 배가 고파 비쩍 마르고 수확은 거의 하지 못하게 된다.

화학비료가 나오기 전에는 작물을 키우기 위해 주로 사용한 비료는 가축분뇨와 사람분뇨를 풀과 나무찌꺼기 등과 같은 식물 잔사를 혼합하여 만든 퇴비를 주로 사용하였다. 이것도 변변치 않으면 산이나 들판에 불을 질러 재를 만들어 비료로 사용하였다. 또한 아예 비료 성분이 많은 지역에 사람들이 모여 살았다.

세계 4대문명 발생지인 메소포타미아 문명은 유프라테스강과 티그리스강에서, 인도 문명은 인더스강에서, 중국 문명은 황허강에서, 이집트 문명은 나일강에서 발원되었는데 모두 풍부한 물과 비옥한 토양을 가진 지역이었다. 이처럼 비료 성분이 많은 비옥한 토양은 수많은 사람들의 밥상을 차려낼 수 있어 많은 사람들을 불러들일 수 있었다. 배고픔이 해결되자 그 지역은 찬란한 문명이 발달하게 되었던 것이다.

이와 같이 토양 내에서도 비료 성분이 있기 때문에 비료 성분이 많은 비옥한 토양은 작물을 기르기가 수월하고 작물 수확량도 높다. 텃밭이나 농경지를 임대하거나 구입할 때 토양 비옥도를 따져보고 선택하는 것이 좋다. 아무래도 비료 성분이 많은 토양은 경작자가 화학비료나 유기질비료 등과 같은 농자재 구입비를 절감할 수 있기 때문이다. 한마디로 좋은 토양은 돈을 덜 쓰고 돈을 더 많이 벌어준다.

비료를 왜 주어야 하나?

산에 자라는 나무는 누가 돌보지 않아도 잘 자라는 이유에 대해 누구나 한 번쯤은 궁금하였을 것이다. 저자도 유년 시절 농사를 부모님과 함께 지으면서 품었던 궁금증이었다. 왜 그럴까? 이것은 양분의 밸런스와 관련되어 있다.

식물은 뿌리로부터 물과 양분을 흡수하고 태양 에너지를 이용한 광합성 작용으로 여러 가지 생육에 필요한 유기물을 합성하면서 자란다. 햇빛과 물은 하늘에서 나무 생육에 필요한 양만큼 적당하게 내려주고 있어 사람이 관여할 수 있는 영역이 아니다. 하지만 사람들이 낙엽을 가져가 버린다면 그 지역의 나무에 필요한 양분 밸런스는 깨지고 만다.

나무는 자기가 서 있는 자리에 낙엽을 떨어뜨려 토양을 비옥하게 만든후 토양으로부터 필요한 양분을 공급받으면서 자란다. 한마디로 나무가 자라는 데에는 공급되는 양분 발란스가 맞으면 특별히 외부에서 비료를 공급하지 않아도 큰 문제는 없다.

단적인 예로 불과 50~60년 전 우리나라에 연탄이 보급되기 전까지 음식을 만들거나 방을 데우기 위해 산에 있는 나무나 낙엽을 가져와 땔감으로 사용하였다. 그 결과 전국적으로 벌거숭이산이 대부분이었다. 나무로 가야 할 유기물을 사람들에게 빼앗겨 나무는 양분이 부족하여 잘 자랄 수 없었다. 밸런스가 무너졌기 때문이다. 하지만 현재 가스연료 사용이 보편화 되어 나무땔감을 사용하지 않게 되자 전국의 산은 나무들로 우거지게 되었다.

지금의 농경지 내 작물은 어떠한가? 수확물을 거둔 나머지 식물 잔사들도 대부분 농경지 토양으로부터 제거된다. 토양에 들어가야 할 밥이 사라진 것이다. 토양 안에 먹을거리가 없는데 어떻게 작물이 건강하게 잘 자랄 수 있겠는가. 그렇다면 농부는 밥상을 잘 차려 토양에게 되돌려주어야 한다. 그 밥상이 비료이다. 밥상의 밥과 반찬의 종류에 따라 작물의 수확량이 달라진다.

비료는 작물이 목표로 하는 수확량까지 자라는데 필요한 토양 내 부족 양분을 채워 주기 위해 필요하다. 작물의 목표 수확량을 책정할 때 여기에 소요되는 비료의 양도 다르게 책정되어야 한다. 하지만 현재 작물의 목표 수확량에 따른 양분 관리 대책을 세우는 농가는 거의 없고 또한 목표 수확물에 대한 개념을 교육하는 교육 기관도 거의 없다. 목표 수확물이 정확하게 세워져야 올바른 시비계획도 세워진다. 목표 수확물을 보통 수확량보다 더 높게 세웠다면 더 많은 양의 비료 시비계획을 세워야 하고 거기에 따른 수확물 품질, 작물 병해충 피해, 웃자람 현상과 같은 부작용에 대한 대책도 세워야 한다.

일반 회사에서는 보편적으로 연말 정도에 사업계획서를 작성하여 일 년 동안 회사가 중점적으로 해야 할 일을 계획한다. 농가에서도 연간 영농 계획서와 농경지 토양을 분석하여 과부족 양분량을 파악하여 목표 수확량에 따른 농경지 양분 관리 계획을 세워야 한다. 왜냐하면 토양 내 양분 관리를 잘하면 작물 수확량을 약 2~3배 정도 높게 수확할 수 있기 때문이다. 생업으로 하는 농사는 농작물을 팔아 소득을 올리는 데 비료를 주지 않으면 수량과 품질이 떨어져 농가 소득도 떨어질 수밖에 없다.

예를 들어 농촌진흥청에서는 동일 논에서 30년간 동안 비료 3요소인 NPK 비료를 뿌린 곳(3요소구)과 비료를 시비하지 않은 곳(무비료구)에서 벼 수확량을 해마다 조사 연구[15]하였다.

30년 동안 평균 벼 수확량이 무비료구에서는 3요소구에 비해 약 절반 정도 밖에 수확되지 못했다. 논에는 물을 통해 무기 양분들이 많이 공급되어 수확량이 이 정도밖에 줄었지만 밭작물은 수확량이 더욱더 많이 줄어든다. 예를 들어 18년간 동일 밭에서 비료를 시비하지 않은 무비료구와

---

15) 동일비료 장기시용이 벼 수량과 토양의 화학성분에 미치는 영향. 손지영 외 , 한작지(Korean J. Crop Sci.), 61(1): 25~32(2016)

비료 3요소구인 NPK 처리구에서 고추 수확량을 조사한 결과 무비료구에서는 3요소구에 비해 고추 수확량이 약 1/3 정도였다.[16]

화학비료 없이는 작물 수확량이 줄어들어 증가하는 세계 인구를 위한 충분한 먹거리 공급이 불가할 정도로 화학비료는 화학비료로서의 역할이 충분히 있다. 수질오염과 같은 화학비료의 부작용으로 인해 화학비료를 마치 독극물로 취급하는 것은 이치에 맞지 않다. 화학비료는 작물이 영양분을 빨리 쉽게 이용할 수 있도록 만든 자연물질이기 때문이다.

화학비료는 식량이다. 화학비료의 부작용을 줄일 수 있고 현 화학비료를 대신할 수 있는 새로운 개발품이 나오기 전까지는 화학비료 사용이 불가피하기 때문에 화학비료의 무절제한 사용을 줄이고 최대 효율을 높여 식량과 환경을 동시에 해결하여야 할 것이다.

화학비료는 어떻게 만들까?

화학비료의 역사는 1904년 독일 화학자 프리츠 하버(Fritz Habor, 1868~1934)가 질소(N_2)와 수소(H_2)로부터 암모니아(NH_3) 합성 연구부터 시작되었다. 1908년 보슈와 함께 대기 중의 질소를 이용한 암모니아 합성법을 개발하는데 성공하여 마침내 하버-보슈법이 탄생되었다. 1913년 독일 바스프사에서 후원하여 하루 20톤의 암모니아가 상업적으로 생산하게 되었다. 인류 역사상 최고의 걸작품이 2명의 과학자에 의해 연구 개발되어 인구 증가에 따른 배고픔을 다소나마 해결하게 되었다.

---

16) 화학비료 및 퇴비의 장기 연용에 따른 고추의 수량성, 박영은 외, 2014 한국토양비료학회 추계학술발표회 논문 초록집

비료에서 가장 중요한 질소는 대기 중에 78%나 있을 정도로 풍부하지만 질소 두 분자끼리의 결합이 너무 강하여 식물이 이용할 수 없다. 질소 분자를 분리시켜 식물이 이용할 수 있는 암모늄이온(NH_3^+)이나 질산 이온(NO_3^-) 형태로 변형시켜야 하는데 하버와 보슈 두 과학자가 이 문제를 최초로 해결하였다.

암모니아 공장에서는 원유에서 분리 정제한 납사(Naptha), 또는 LPG를 원료로 이용하여 탄산가스(CO_2)와 수소를 분리하고 대기 중에 있는 질소와 수소를 고온(약 500~600℃) 고압(약 200~300기압) 조건하에서 암모니아를 합성한다. 합성된 탄산가스와 암모니아는 다시 요소비료 공장으로 보내어 요소비료를 제조한다. 요소비료의 주 원재료는 납사나 LPG이기 때문에 저개발국 산유국에서 현재 요소비료공장을 원유생산시설 현지에서 암모니아와 요소비료공장을 세우는 바람에 가격 경쟁력에 밀려 현재 국내에서는 암모니아와 요소비료공장은 모두 가동 중지되었고 전량 수입에 의해 농가에 공급되고 있다.

인산질비료 제조는 인광석(Phosphate rock)을 원료로 한다. 인광석은 천연 광물질이라 구성 성분이 다양하여 일정한 분자식을 표기할 수 없으나 비료산업에서 주로 이용되고 있는 인광석은 인회석(Apatite)을 함유하는 암석으로 화학식은 $Ca_5(PO_4)_3(OH, F, Cl)$이다. 이중에서 주로 $Ca_5(PO_4)_3OH$, $Ca_5(PO_4)_3Cl$보다는 $Ca_5(PO_4)_3F$ 분자식을 가진 플루오린 인회석(Apatite)을 가장 많이 사용한다.

우리나라 동해안 지역과 북한에서 일부 매장되어 있으나 경제성이 낮아 이용하지 못하여 전량 수입에 의존하여 사용하고 있다. 작물이 인(P) 성분을 이용하기 위해서는 인회석 광석 속에 있는 인 성분을 반드시 이온화시켜야 한다.

인 성분을 이온화시키는 방법은 크게 습식법과 건식법 두 가지로 나눈다. 습식법은 인광석을 황산에 녹여 여러 제조공정을 거쳐 인산(H_3PO_4)과 석고($CaSO_4 \cdot H_2O$)가 생성되는데 인산과 석고를 분리하여 인산 액체를 얻는 공정과 인산과 석고를 분리하지 않고 그대로 사용하는 공정이 있다.

석고를 분리한 인산은 그림과 같이 복합비료공장에서 암모니아와 반응시켜 제2인산암모늄, 즉 DAP(Diammonium phosphate, 18-46-0) 비료를 만든다.

인산과 석고를 분리하지 않은 공정은 과인산석회(일반적으로 과석이라 불림, Calcuim superphosphate)비료를 제조하는 공정으로 주성분이 일인산칼슘($Ca(H_2PO_4)_2 \cdot H_2O$과 황산칼슘($CaSO_4$)이 혼합된 분상 혼합물로서 제2차 세계대전 이전에는 대부분 이 비료를 생산하여 사용하였다. 중과인산석회는 과인산석회를 제조할 때 황산 대신에 인산을 인광석에 적용시키면 황산칼슘이 생성되지 않아 인산성분이 많은 비료가 제조된다.

건식법은 사문석과 인회석을 전기로에 넣어 고온(약 1500℃)에서 용융시킨 후 용융물을 급랭·분쇄한 후 입상화한 제품이다. 용성인비 비료 제품이 여기에 속하는데 물에는 잘 녹지 않고 토양 내 약한 산이나 작물 뿌리에서 배출되는 뿌리 산에 녹아 작물에 서서히 이용되는 비료이다.

비료 공장에서 복합비료 제조 공정은 다음과 같다. 화학 반응기에서 암모니아와 인산을 반응시킨 후 제조된 DAP를 제립기로 이송하여 칼리질 비료 성분을 첨가시켜 9-25-25 또는 10-26-21와 같은 원료 복합비료를 만든 후 저장창고에 저장한다.

칼리질 비료는 주로 염화칼리와 황산칼리를 사용한다. 염화칼리는 미국, 캐 나 다 등 에 서 Carnallite(KMgCl3·H2O), Sylvine(KCl), Sylvininate(Kcl-NaCL) 등과 같은 천연 암염을 정제하여 사용하며 우리나라는 전량 수입에 의존한다.

황산칼리는 천연 광물로는 Kainite($MgSO_4 \cdot KCl \cdot H_2O$), Leonite($K_2SO_4 \cdot Mg$-$SO_4 \cdot H_2O$), Langbeinite($K_2Mg_2(SO_4)_3$)등을 사용하고 주로 가격이 싼 염화칼륨($KCl$)과 황산($H_2SO_4$)을 반응기에서 반응시켜 황산칼리($K_2SO_4$)를 생산하여 사용한다.

원료 복합비료를 이용한 다양한 비종을 만들기 위해서는 원료 복합비료에 다른 비료 원재료를 혼합하면 새로운 비종이 탄생된다. 예를 들어 우리나라에서 근 40여 년간 가장 많이 사용한 21-17-17 복합비료는 9-25-25 비료 68.4%에 요소비료(46-0-0) 31.6%를 혼합하여 제조한 배합비료(Bulk Blending Fertilizer)이다.

배합비료는 두 가지 이상의 비료가 혼합된 비료를 말하고 단립비료(Mono Granule Fertilizer)는 비료 입자 알갱이 안에 모든 비료 성분이 다 들어 있는 비료를 말한다. 즉 여러 종류의 비료를 혼합하여 모두 분쇄한 후 다시 하나의 알갱이로 제립한 비료를 말한다.

배합비료는 단순히 비료를 혼합하여 제품을 생산하였기 때문에 비료 제조 과정이 단순하여 전체 비료 성분 대비 비료 가격이 대체적으로 낮은 편이다. 단립비료는 몇 종류의 비료 원료들을 분쇄하여 다시 재조립한 것이기 때문에 비료공정이 더 들어가 전체 비료 성분 대비 비료 가격이 높은 편이지만 한 알갱이 안에 비료 성분이 모두 다 들어 있어 비료 양분을 균형 있게 골고루 시비할 수 있는 장점이 있다.

이상과 같이 살펴본 대로 화학비료의 궁극적인 원천은 자연에서 모두 왔다. 질소질 비료의 원천은 대기 중의 공기에 있는 질소를 작물이 이용할 수 있도록 암모니아를 합성하여 요소비료와 DAP와 같은 질소질 비료를 제조하였다. 인산질비료는 동물의 뼈가 수억 년 동안 퇴적되어 만들어진 인광석 광물을 작물이 흡수할 수 있도록 황산 등과 같은 산에 녹여 인산을 제조하여 사용하고 있다. 다른 방법으로는 전기로에 고온 용융시켜 용성인비를 만들어 사용하고 있다.

또한 칼리질 비료는 칼리 광산에서 광석을 채광하여 작물이 이용할 수 있도록 분쇄 조립하여 염화칼리와 황산칼리 등으로 제조한 것이다. 따라서 비료의 3요소인 '질소', '인산', '칼리'는 모두 자연에서 온 산물이기 때문에 화학비료도 결국 천연 영양물질이라 할 수 있다.

비료성분 명명 방법

비료를 잘 알지 못하는 사람들은 비료 성분명을 들었을 때 생소한 단어로 당황할 수 있다. 대부분 화학성분을 명명할 때에는 영어식으로 표현하지만 비료업에서는 영어식보다는 한자식으로 명명하고 있다. 예를 들어 표 2처럼 칼륨을 가리로, 칼슘을 석회로, 마그네슘을 고토로 명명하고 있고 그 성분도 비료분석성분 결과인 산화물로 표시한다.

다시 말하면 비료업에서 질소라 함은 전체 질소 함량인 T–N(Total Nitrogen), 인산은 P_2O_5, 가리는 K_2O, 석회는 CaO, 고토는 MgO, 규산은 SiO_2, 붕소는 B_2O_3을 말한다.

표 2. 비료성분 명명 방법

원소명	질소	인	칼륨	칼슘	마그네슘	규소	붕소
성분명	질소 (窒素)	인산 (燐酸)	가리 (加里)	석회 (石灰)	고토 (苦土)	규산 (硅酸)	붕소 (硼素)
표시명	T-N	P_2O_5	K_2O	CaO	MgO	SiO_2	B_2O_3

비료 성분 표기 방법

비료를 처음 대하는 사람들에게는 비료 포대에 적혀 있는 숫자의 의미를 정확히 모를 때가 많고 다소 생소할 것이다. 전 세계 대형 비료회사는 비료의 3요소, 즉 질소-인산-칼리 비료를 생산하여 비료성분을 질소-인산-칼리 성분 순으로 비료포대에 표기하여 판매하고 있다.

예를 들어 복합비료 포대에 15-8-10로 표기되어 있다면 이것은 질소(N) 15%, 인산(P_2O_5) 8%, 가리(K_2O) 10%라는 의미이다. 그런데 질소는 단원소인 N으로 표기하였는데 인산과 칼리는 단원소인 P와 K로 표기하지 않고 산화물인 P_2O_5와 K_2O로 표기할까?

이것은 화학 분석의 역사를 보면 이해할 수 있는데 예전에는 대부분의 분석 방법은 비료 성분을 건조하여 태운 다음 남은 재 속에 함유되어 있는 성분을 분석하였다. 재 속에 있는 P와 K 성분은 산화물인 오산화인(P_2O_5)과 산화칼륨(K_2O)이었기 때문에 분석결과 그대로 비료 성분을 표시하였다.

질소는 비료성분을 태우면 질소 성분이 공중으로 날아가 버려 산화물로 표기할 수 없었다. 그러나 지금은 분석기술이 발달하여 쉽게 N, P, K와 같은 단원소를 쉽게 분석할 수 있어 산화물 형태가 아닌 단원소 형태로 표기하는 것이 타당하지만 비료회사는 오랜 관행으로 이어진 비료성분 표기법을 계속 사용하고 있다. 그러면 15-8-10 비료 성분을 순수 단원소인 N-P-K 성분량은 얼마일까?

질소 성분은 그대로 15이니까 계산할 필요는 없다. 인산과 칼리 성분인 P_2O_5와 K_2O를 P와 K로 환산하여야 한다. 먼저 인산 성분을 계산하면 다음과 같다.

P_2O_5 분자량은 141.9, 그중 P성분 함량은 $(30.97 \times 2) \div (30.97 \times 2 + 16 \times 5) = 0.436$, 따라서 $8 \times 0.436 = 3.488$이므로 P 성분 함량은 약 3.5% 정도이다.

P 계산법과 동일하게 K를 계산하면 K_2O 분자량은 94, 그중 K성분 함량은 $(39 \times 2) \div (39 \times 2 + 16) = 0.829$, 따라서 $10 \times 0.829 = 8.29$이므로 K 성분 함량은 약 8.3% 정도이다. 이것을 N-P-K로 다시 표기하면 15-3.5-8.3 으로 표기할 수 있다. 단원소 인산과 칼리 성분이 산화물 성분보다 많이 줄어 비료 성분이 적게 보이게 되어서 비료회사들이 지금까지도 산화물 성분 표기를 계속 고집하지 않을까 싶다.

15-8-10 비료의 비종에 또 다른 의문이 생긴다. 비료의 성분 합이 15-8-10 비료의 성분합(33%)이 모두 100% 되지 않는데 나머지 67%는 무엇인가? 이것은 비료 제조 공정을 알면 금방 이해할 수 있는 데 15-8-10 고형비료를 제조하기 위해서는 비료 원재료 이외 제립을 잘 할 수 있게 해주는 제립 보조제가 들어간다.

주로 이런 제재들은 비료 원재료 가격이 싼 무기물 제품을 사용하여 질소-인산-칼리 성분이 없는 것들이 대부분이다. 그리고 비료 원재료 중에 N, P, K 성분 이외 C, H, O 등과 같은 성분이 포함되어 있다.

다음으로 단비(單肥)[17]인 요소비료를 예를 들어 보자. 요소비료의 분자식은 NH_2CONH_2이고 분자량은 60이므로 요소 비료 중 질소 성분함량은

(14×2)÷60=46.6으로 계산된다. 대부분 요소비료 포대에 적혀 있는 비료 성분은 46-0-0으로 표기되어 있는데 질소 성분(N)이 46%이고 인산과 칼리 성분은 0%이다.

요소비료는 상기 복합비료 15-8-10 비료처럼 비료 제립 보조제를 사용하지 않고 암모니아와 이산화탄소의 고온 고압 반응에 의해 요소비료가 직접 생산되기 때문에 비료의 순도가 99% 이상으로 높다.

비료의 3요소인 질소, 인산, 가리 성분 이외 비료 성분은 어떻게 표기할까? 질소-인산-가리 성분 표기는 국제적인 관례이기 때문에 그 순서를 바꿀 수 없다. 질소, 인산, 가리 성분 이외 비료 성분은 질소-인산-가리 성분을 표기하고 보통 + 기호를 붙이고 그 뒤에 성분명을 표기하는 것이 대부분이다.

예를들어 15-8-10 성분 이외 석회 5, 고토 2, 붕소 0.1 성분이 있는 비료를 출시할 때에는 15-8-10+5(CaO)+2(MgO)+0.1(B_2O_3)로 표기한다. 만약 비료 포대에 15-8-10+5+2+0.1로 표기되었다면 반드시 비료포대 뒷면에 비료성분 보증표에 석회 5%, 고토 2%, 붕소 0.1%으로 표기되어 있다. 또한 화학비료 이외 유기질비료는 비료 포대에 4-2-1+60(유기물)로 표기 되어 있으면 질소 4%, 인산 2%, 가리 1%, 유기물 60%를 의미한다.

즉 질소-인산-가리 성분 이외의 비료 성분은 특별한 규칙이 없어 질소-인산-가리 성분 표기 옆에 비료성분량과 비료 성분을 동시에 표기하는 것이 일반적이다.

---

17) 단비(單肥)는 비료의 3요소인 질소, 인산, 칼리 성분 중 1개 성분만 보유할 때를 말하고 복합비료 또는 복비(複肥)는 2개 이상의 성분을 보유하고 있을 때를 말한다. 단비의 대표적인 비료가 요소비료(46-0-0)이고 복비의 대표적인 비료가 21-17-17 비료이다. 이 두 비료는 지난 50여년간 우리 농경지에 가장 많이 뿌려졌고 현재도 가장 많이 사용하고 있다.

비료의 종류는 어떤 것이 있나?

화학비료가 나오기 전에는 대부분의 농가에서는 퇴비, 재, 분뇨 등을 직접 제조하여 비료로 사용하였다. 퇴비 원료를 얻기 위해 소, 돼지, 닭과 같은 가축을 직접 길러 퇴비장을 만들어 비료 성분이 될만한 재료는 외부로 버리지 않고 퇴비장에서 가축분뇨와 함께 발효시켜 퇴비를 만들었다.

현 일반 가정에서도 쌀뜨물, 커피나 찻물, 우유, 보약 등도 식물에 영양을 주기 때문에 비료의 성분이라 할 수 있다. 하지만 들판에서 농사를 짓고 있는 현재의 농가에서는 화학비료나 퇴비를 직접 제조하기에는 많은 어려움이 있어 비료회사에서 판매하는 비료 제품을 대부분 구입하여 사용하고 있는 실정이다.

우리나라 비료공정규격(2018년기준)에 따르면 비료는 크게 보통비료와 부산물비료로 나누고 있다.

보통비료에는 질소질 비료(요소, 유안, 초안, 피복요소 등), 인산질비료(용성인비, 용과린, 과석 등), 칼리질비료(황산가리, 염화가리, 황산가리고토), 복합비료(1,2,3,4종복합, 피복복합 등), 석회질 비료(생석회, 소석회, 석회고토 등), 규산질비료(규산질, 규회석 등), 고토비료(황산고토,고토붕소 등), 미량요소비료(붕산, 붕사, 미량요소복합 등), 그 밖의 비료(제올라이트, 벤토나이트 등)로 총 78종이 있다. 부산물 비료는 부숙유기질비료(가축분퇴비, 퇴비 등), 유기질비료(어박, 골분, 혼합유박, 가공계분 등), 미생물비료(토양미생물제제), 그 밖의 비료(건계분, 지렁이분)로 총 31종이 있다. 보통비료와 부산물비료를 합하면 총 109종이다. 너무 많은 종류의 비료가 등록되어 판매되고 있어 농가에서는 이 많은 종류의 비료를 정확히 알 수 없고 특성도 잘 모르는 경우가 대부분이다. 비료 종류에 따라 다른 특성을 가지고 있기 때문에 비료를 선택할 때 작물과 토양의 상태를 잘 파악 한 후 시비하는 것이 좋다.

각 비료에 대한 정보나 특성은 비료 제조업체의 홈페이지이나 영업점에서 자세한 정보를 얻을 수 있다. 농사를 잘 지으려면 이런 화학비료의 종류와 특성을 잘 알아야 한다.

농협에서 비료회사와 연간 계약을 통한 대량 구매에 의해 보급되는 비료만으로 농사짓기에는 고품질 농산물을 생산할 수 없다. 농부가 자신의 토양과 작물 상태를 이해하고 거기에 알맞은 비료를 직접 구매하는 방식이 좋은데 해마다 똑같은 비료를 뿌려주면 토양 양분 균형이 맞을 수 없다.

작물의 필수영양소별 공급 가능한 비료 제품은 다음 표와 같다. 이것 이외에도 다양한 비료 제품이 공급되고 있지만 현재 시중에 유통되고 있는 비료 위주로 정리하였다.

다음 표를 보고 작물이 필요한 시기에 필요한 성분을 필요한 양만큼 안정적으로 공급할 수 있도록 다양한 제품을 구매하여 시용하여야 한다. 단순하게 21-17-17복합비료와 요소비료만으로 농사짓는 시대는 이미 끝이 났다.

표 3. 작물 필수영양소별 비료제품

구분	성분			비료제품
	탄소, 수소,산소			자연(물,공기)
다량 원소 (9)	비료4요소	비료3요소	질소(N)	요소 NH2CONH2 유안 (NH4)2SO3 초안 NH4NO3 제1인산 암모늄 NH4H2PO4 질산가리 KNO3 질산석회 Ca(NO3)2 · 4H2O 질산고토 Mg(NO3)2 · 6H2O 질산 HNO3
			인산(P)	제1인산 암모늄 NH4H2PO4 제1인산 가리 KH2PO4 인산 H3PO4
			가리(K)	염화가리 KCL 황산가리 K2SO4 질산가리 KNO3 제1인산 가리 KH2PO4
		칼슘(Ca)		질산석회 Ca(NO3)2 · 4H2O 염화칼슘 CaCl2
	마그네슘(Mg)			황산고토 MgSO4 · 7H2O 질산고토 Mg(NO3)2 · 6H2O
	황(S)			황산고토 MgSO4 · 7H2O 황산가리 K2SO4
미량 원소 (7)	철(Fe)			킬레이트철 Fe EDTA
	망간(Mn)			황산망간 MnSO4 · H2O 염화망간 MNCl2 · 4H2O
	붕소(B)			붕산 H3BO3 붕사 Na2B4O7 · 10H2O
	아연(Zn)			황산아연 ZnSO4 · 7H2O 염화아연 ZnCl2
	몰리브덴(Mo)			몰리브덴소다 Na2MoO4 · 2H2O 몰리브덴산 H2MoO4 · 4H2O
	구리(Cu)			염화구리 CuCL2 · 2H2O 황산구리 CuSO4 · 5H2O
	염소(Cl)			상기 수용성 염소 함유 물질
기타	규소(Si)			규산질비료(화본과작물 한정)

더욱 자세히 알기 위해 국내 비료관리법상 비료공정규격에 등록된 비료의 종류를 자세히 알 수 있으니 각 비료의 특성과 효과를 잘 파악한 후 비료를 구매하여야 한다.

비료는 어떻게 주어야 하나?

대부분의 농가에서는 시중에 판매되고 있는 비료를 대략적인 경험을 토대로 무작위로 농경지에 뿌리고 있다. 그러다 보니 작물이 필요로 하는 양보다 많은 양의 비료를 뿌리면 병해충 증가, 환경오염 문제 야기, 작물의 맛과 향과 같은 품질 문제, 작물의 이상 생육 등과 같은 많은 문제가 야기되고 비료를 적게 뿌리면 작물수확량이 적고 수확물이 상품으로 판매하기 어려워 농산물 판매를 통한 수익금이 적게 된다.

그렇다면 비료를 어떻게, 얼마를 뿌리면 가장 좋을까? 이것은 목표 작물의 수확량에 근거한 양분수지와 관련되어 있다. 토양에 투입한 양분 양(input)으로 목적 수확물(output)을 얼마만큼 수확할 수 있는가에 대한 양분 발란스(balance)와 관련된다. 이런 양분 발란스를 정확히 세우기 위해서는 다음과 같은 데이터가 필요하다

- 작물별 생육 기간 단계에 따른 각 성분별 필요 양분량
- 토양 분석을 통한 양분량, 토성, 양분보유능력 등 기초 자료
- 농경지 내 투입되는 양분총량 계산(화학비료, 퇴비, 식물잔사 등)
- 작물 수확물 및 식물체 내 양분 함량 자료
- 농경지 지역 기상자료

위와 같이 과학적인 데이터를 근거한 비료 투입량을 결정하기에는 많은 분석 자료가 필요하다. 비료의 연구는 단순히 비료 성분만을 연구하는 것이 아니라 작물의 목표 수확량을 안전하게 달성하기 위해 작물 및 토양 연구를 통한 양분간의 최적 밸런스를 연구하는 것이다.

특히 작물의 생육 기간에 따라 작물이 필요로 하는 양분의 종류와 양은 오랜 기간 작물 재배 연구를 통해 자료를 확보하고 토양-작물-비료양분-기상과 같은 복합적인 지식을 요구하기 때문에 간단한 연구가 아니다. 아직 우리나라는 이러한 정밀자료에 의한 정밀 데이터 농법이 실현되고 있지는 않지만 언젠가는 실현될 것으로 본다.

비료의 연구는 작물 연구이다. 작물 필수원소 16대 영양소가 이미 밝혀졌기 때문에 비료 성분 자체에 대한 연구는 별 의미가 없지만 지역별, 작물별, 기상환경별로 작물은 각각 다르게 성장하고 다른 양분을 요구하기 때문에 다양한 작물 연구를 통한 최적의 양분 공급 방법을 찾아야 한다.

예를 들어 작물의 종류에 따라서 작물이 선호하는 양분의 종류가 다른데, 콩과작물은 비교적 칼슘, 마그네슘, 붕소가 많이 필요하며 규소는 적게 필요하다. 배추와 같은 십자화과 작물은 다른 작물보다 황성분이 많이 필요하고 블루베리, 녹차와 같은 산성에 강한 작물은 철, 망간등이 많이 필요한 반면, 양배추와 유채등과 같은 내염성작물은 나트륨, 마그네슘, 염소, 황이 타 작물보다 많이 필요하다.

미국과 같은 넓은 농경지를 경작하고 있는 농민들은 사설 시비 컨설턴트에게 자신의 농경지에 대한 연간 시비 프로그램 작성을 의뢰한다. 컨설팅 회사는 농경지 토양분석, 기상분석, 작물 생육단계별 양분 요구량 분석 등을 통해 최적 시비 프로그램을 작성하여 농민과 함께 일 년 동안 시비 프로그램을 수행한다.

농민들은 컨설팅에 따른 비용을 직접 지불함에도 불구하고 혼자보다는 컨설팅을 통한 농산물 수익이 더 높기 때문에 농업 컨설팅회사에 컨설팅을 의뢰하고 있다. 우리나라도 재배면적이 대형화된다면 농민들이 농업 컨설팅 회사를 통한 시비 프로그램 작성을 의뢰 할 것으로 본다.

이런 복잡한 일련의 과정을 거치지 않고 비료를 시비하는 방법이 있는데 이것은 전국 농경지를 대상으로 한 평균적으로 가장 안전한 농산물 수확을 할 수 있게 농촌진흥청 농업과학기술원에서 편찬한 "작물별 시비 처방 기준" 책자가 있다.

이 책자에는 벼를 포함한 87개 작물에 대한 적당한 토양의 물리성 및 화학성 자료를 적어놓았고 표준시비량도 있어 일반 농가에서는 이 자료를 활용하면 된다. 하지만 내가 경작하고 있는 토양과 기상환경은 전국 평균치와 다를 수 있고 목표 수확량이 다를 수 있기 때문에 정밀 데이터에 의한 정밀 시비 컨설팅을 받아 보아도 좋을 듯하다.

비료 시비의 원리는 작물이 필요로 하는 성분과 양을 안정적으로 공급하는 것이다. 사람이나 작물은 서로 비슷하여 작물이 모종 상태일 때에는 거의 양분을 필요하지 않지만 씨앗에 있는 양분을 모두 소진하고 나면 본격적으로 뿌리를 통해 양분을 흡수한다. 젖을 뗀 어린아이에게 밥을 차려 주어야 하듯이 작물도 그때부터 비료라는 밥상을 골고루 차려 작물 뿌리 주변에 뿌려주어야 한다.

일반 화학비료는 작물이 비료양분을 흡수하는 속도보다 빨리 녹아 비료 유실이 많은 데 화학비료를 한꺼번에 많이 뿌리면 좋지 않다. 한꺼번에 많이 뿌리면 화학비료의 독성 때문에 작물 뿌리 피해가 발생되고 심하면 고사하기까지 한다. 화학비료는 되도록 소량으로 자주 뿌려주는 것이 가장 좋지만 뿌려주는 노동력 문제로 보통 3~5회 정도 나누어 뿌려주고 있다.

비료는 작물의 뿌리 근처에 뿌려 주면 작물의 비료 이용 효율이 가장 좋다. 하지만 인력으로 비료를 작물 근처에 뿌려주기에는 한계가 있고 일반 화학비료를 뿌리 근처에 과량으로 시용하면 작물 뿌리가 피해를 입을 수 있다.

일반적으로 시행하고 있는 방법은 비료를 토양 표면에 골고루 뿌린 다음 트랙터나 관리기로 토양과 함께 로우터리 작업을 실시하여 비료를 토양과 혼합하게 하는 방법이다. 이런 비료 시비를 전층시비라고 한다. 전층시비는 비료를 토양 위에 뿌리는 표층시비보다 비료 이용효율이 약 20~40% 정도 높다. 하지만 모래땅인 사토에서는 비료 양분을 잡아주는 능력(CEC)이 부족하기 때문에 전층시비보다는 표층시비를 권한다.

비료 이용 효율을 높이기 위해 기계 시비기를 이용하고 있는 데 예를 들어 벼 모내기 작업 때 묘 옆 3~5cm에서 토양 3~5cm 깊이로 비료를 시비하는 측조시비가 있다. 이것은 벼 묘 이앙기에 측조시비기를 부착시켜 벼 묘 이앙 동시에 비료를 측조시비 할 수 있도록 한 것이다. 이것은 전층 시비보다 비료 이용 효율이 20% 이상 높은 것으로 비료 자원 낭비를 줄일 수 있고 비료에 의한 수질 환경오염을 저감할 수 있다.

밑거름과 웃거름 차이는 무엇인가?

비료에는 크게 밑거름과 웃거름으로 구분하는 데 밑거름은 작물을 심기 전에 토양과 혼합하여 처리하는 비료를 말하고 웃거름은 작물 생육 도중 부족한 양분을 보충하기 위해 토양 위에 뿌려주는 비료를 말한다.

밑거름으로는 토양 생물성과 토양 물리성 개선을 위해 뿌려주는 퇴비와 토양 개량효과를 주는 토양개량제, 작물생육용 유기질비료 및 화학비료가 있다. 밑거름용 복합비료는 비료의 3요소인 질소-인산-칼리 성분 모두를 포함한 비료를 시비한다. 또한 화학비료 이외 토양개량제, 유기질비료도 밑거름으로 뿌린다. 밑거름 비료는 토양과 혼합하여 토양 안으로 비료를 넣어줌으로서 작물 자라는 데 든든한 영양분을 뿌리 주변에 비축해 두는 효과가 있다. 따라서 밑거름은 토양과 비료가 함께 혼합되어 있어 작물의 비료 이용 효율이 높다

웃거름은 퇴비나 토양개량제 등은 뿌려주지 않고 대부분 질소 성분을 보충하기 위해 질소질 비료인 요소비료나 인산 성분을 뺀 NK 복합비료를 주로 뿌려준다. 물론 작물의 생육 상태에 따라 단비 또는 복비를 시비한다. 칼리 성분이 부족하면 황산칼리 비료를 시비하거나 마그네슘 성분이 부족하면 황산마그네슘 비료를 시비한다. 웃거름 비료는 작물의 생육 상황을 보면서 작물에게 비료를 주는 것이기 때문에 재배자의 오래된 경험과 노하우가 필요하다. 좀 더 과학적인 영농을 하는 농가는 작물 생육 기간별 잎을 따서 잎에 있는 양분을 분석하고 토양속 양분도 함께 분석하여 현 작물의 양분함량 적정치를 파악한 후 비료량과 종류를 결정하여 처리한다.

우리나라 농가는 비료의 중요성을 많이 생각하지 않는 경향이 있다. 그냥 복합비료를 밑거름으로 뿌리고 웃거름으로는 요소비료나 NK 비료를 뿌리면 다 되는 걸로 인식하고 있다.

비료는 작물의 성장과 수확물에 직접적인 영향을 미치기 때문에 비료를 소중히 여겨야 한다. 농민이 한 톨의 쌀을 귀중히 여기듯이 한 톨의 비료도 소중이 여겨야 한다. 한 톨의 비료가 수백톨의 쌀로 돌아오기 때문이다.

화학비료 공장에서 오랫동안 근무한 저자는 한톨의 비료가 생산되기까지는 얼마나 많은 사람과 자연, 그리고 기계가 노력하여야 하는지를 알기에 비료 한 톨의 소중함을 안다. 비료 한 톨의 소중함을 알 때부터 농민은 스스로 비료 공부를 한다.

단비(單肥) 사용을 잘 하여야 농사를 잘 짓는다

단비(單肥)는 복합비료와는 달리 비료 제조 공정 중 특정 단일 성분을 으로 제조된 비료를 말한다. 예를 들어 질소질 비료인 요소비료, 유안비료, 질산암모늄비료, 인산질비료인 용과린, 용성인비, 과석, 칼리질 비료인 염화칼리와 황산칼리 등을 말한다. 농사를 잘 지으려면 이러한 단비의 종류와 특성을 잘 파악하여 작물의 특정 양분이 결핍되었거나 작물 성장 단계에 따라 특정 양분을 공급해주어야 할 때에는 복합비료보다는 단비를 시비하는 것이 더 좋다.

질소질 비료

질소는 작물의 다량원소 중 가장 많이 필요하며 작물 수확량에 직접적으로 관여하기 때문에 농민들이 가장 많이 선호하는 비료이다. 또한 질소는 작물의 생육을 촉진하는 효과가 있어 질소 비료를 뿌린 후 작물의 잎 색이 녹색으로 변하고 키가 쑥쑥 자란다. 하지만 과한 사용은 화(禍)를 부르기 때문에 작물의 양분 요구량에 따라 알맞게 시비하여야 한다.

질소 성분은 작물의 잎과 줄기를 키우는 데 결정적인 역할을 하기 때문에 열매 맺기 전 작물의 몸체를 만드는 시기에는 질소 성분이 많이 필요하다. 질소 성분은 작물의 단백질 구성 성분인데 주로 탄소(C), 수소(H), 산소(O), 질소(N) 성분으로 이루어진 큰 분자량을 가진 중합체이고 수많은 아미노산이 결합된 구조를 가진다.

따라서 질소 성분은 세포 신장, 세포 분열 및 식물생장에 관여하여 작물 수확량에 가장 많은 영향을 미쳐 전 세계적으로 질소질비료가 가장 많이 생산되고 있다. 하지만 너무 많이 시용하면 작물체가 웃자라고 병해충 피해가 많고 질산염이 식물체내에 축적되어 사람의 건강에 좋지 않다.

질소가 결핍된 식물은 영양 생장기가 짧아 성숙시기가 짧게 되어 빨리 열매 결실을 맺는다. 일반적으로 식물은 건물당(乾物當) 약 2~4%의 질소를 함유한다.

질소질 비료의 성분은 대체적으로 암모니아태 질소(NH_4-N), 요소태 질소(NH_2-N), 질산태 질소(NO_3-N)으로 나눈다. 암모니아태 질소(NH_4-N)는 비료 제품 중 암모니아(NH_4) 성분이 포함된 제품을 말한다.

예를 들면 화학비료의 기초 원료로 주로 사용 중인 DAP(Diammonium phosphate) 비료의 분자식은 $(NH_4)_2HPO_4$으로 암모니아와 인산의 합성반응에 의해 제조된 것으로 분해되면 $(NH_4)_2HPO_4(s) \leftrightarrow NH_3(g) + NH_4H_2PO_4(s)$으로 되어 대표적인 암모니아태 질소비료이다.

암모니아태 질소비료는 알카리성 토양에 시비 시 본 분해식처럼 암모니아 가스로 나오기 때문에 작물이 가스 피해를 입기 때문에 조심하여야 한다. 특히 시설하우스 토양이 알카리 상태로 되어 있다면 암모니아태 질소비료 시비를 피하고 질산태 질소비료 위주로 시비하는 것이 바람직하다.

또한 작물 뿌리 발달이 시작되는 유묘기 때, 토양이 답압되어 토양 내 공기가 부족한 상태, 토양 내 수분 과습이나 침수로 인해 토양이 환원상태일 경우에는 암모니아태 질소는 암모니아 가스로 쉽게 전환되어 토양 바깥으로 빠져나와 작물의 어린잎에 가스 피해를 입힌다. 하지만 암모니아태 질소는 음전하를 띠고 있는 토양 입자와 쉽게 부착되어 토양 내 비료 유실이 질산태 질소보다 적다.

또한 암모니아태 질소를 작물이 흡수하면 각종 아미노산으로 빠르게 전환되어 단백질합성에 용이하다. 작물이 흡수된 질소로부터 단백질을 합성할 때 암모니아태 질소는 직접 유기산과 결합하여 아미노산이 되지만 질산태 질소는 암모니아태 질소로 다시 환원된 후에 아미노산이 되기 때문에 암모니아태 질소는 질산태질소보다 단백질을 합성하는 데 에너지가 적게 된다.

요소태 질소(NH_2-N)비료는 비료 원재료를 요소(NH_2CONH_2)를 사용하여 만든 제품이다. 요소태 질소는 토양내에서 작물이 바로 흡수하지 않고 요소태질소가 암모니아태 질소로 바꾸어지면 그때부터 작물이 흡수한다. 요소태 질소도 암모니아태 질소 형태로 바뀌기 때문에 알카리 토양에 시비 시 암모니아 가스 발생에 주의하여야 한다.

요소태 질소는 단비인 요소비료 안에만 있는 것이 아니고 화학비료 회사에서 복합비료를 만들 때 높은 질소 성분을 보증하기 위해 요소비료를 분쇄해서 원재료로 사용하는 경우가 있다. 요소태 질소는 높은 질소 성분(46%)을 가지고 있고 비료 제품 가격이 타 성분보다 낮아 농민들이 선호한다. 따라서 비료 제품을 고를 때 어떤 원료를 사용하였는지를 잘 파악한 후 구매하는 것이 타당하다.

질산태 질소(NO_3-N)비료는 질산태 질소를 얻기 위해 질산(HNO_3)을 이용한 제품이다. 대표적인 비료는 질산가리(KNO_3), 질산칼슘

$(Ca(NO_3)_2 \cdot H_2O)$ 등이 있다. 이 제품의 원료는 암모니아로부터 질산을 제조하여 염화가리와 반응시켜 질산가리(KNO_3)를, 염화칼슘과 반응시켜 질산칼슘($CaNO_3$)을 제조한 것이기 때문에 가격이 암모니아태 질소 비료보다 비싸다. 암모니아로부터 질산 제조 방법은 백금 또는 산화코발트 촉매하에서 700~1000℃ 정도 되는 반응기에서 암모니아 산화 반응 공정[18]을 거쳐 질산가스를 최종 물로 흡수시켜 질산을 제조한다. 결국 질산태 질소의 원천은 암모니아이지만 암모니아를 변형시킨 질산에서 온 것이라 할 수 있다. 그래서 질산태 질소는 암모니아 가스가 없다. 하지만 질산태 질소도 극산성 토양에서는 다시 질산가스로 환원되어 배출되기 때문에 극산성 토양에서는 질산태 질소비료 시비를 자제하여야 한다.

질산태 질소는 암모니아태 질소와 달리 − 전하를 띄고 있어 토양에 잘 부착되지 않고 해리되어 있어 작물이 흡수하기 쉽고 칼슘, 마그네슘, 칼륨 등과 같은 양이온 성분들과 동반 흡수가 용이하다.

뽕나무 재배 토양에 질산태 질소 및 암모니아태 질소를 시비한 결과 뽕나무 잎에서 질산태 질소 처리구가 암모니아태 질소 처리구보다 양이온 (K^+, Ca^{2+}, Mg^{2+}) 총 함량이 음이온(H_2PO^{4-}, SO_4^{2-}, Cl^-, NO_3^-) 총 량보다 높게 나왔으며 뽕나무 생육에 가장 이상적인 질산태 질소/암모니아태 질소 비율은 7:3[19]이었다 하지만 질산태 질소비료의 여러 가지 장점이 있음에도 불구하고 암모니아태 질소보다 가격이 비싸 국내에서는 주로 시설

---

18) 암모니아 산화반응은 질산공장에서 암모니아를 고온 반응기에 넣고 산소를 불어 넣어주어 암모니아가스를 산화질소 가스로 만드는 공정이다 반응식은 다음과 같다 $4NH_3(g) + 5O_2 \rightarrow 4NO(g) + 6H_2O(g) + 216kcal$. 다시 산소를 계속 물어 넣어주면 NO는 NO_2나 N_2O_4로 생성되는 데 이때 물을 공급하여 질산(HNO_3)으로 흡수시킨다.
19) 질산태 및 암모니아태 질소비율과 상엽중 이온의 균형, 이원주 외, 한국토양비료학회지 1882 Vol 15,NO2. Pg 110-116

하우스 내 양액비료를 사용하는 농가에서 주로 사용하고 있다.

작물은 대부분 암모니아태 질소와 같이 양이온 성분을 흡수할 때 작물 체내에 있는 수소이온(H^+)을 토양으로 내놓음으로써 양이온을 흡수하고 질산태 질소와 같이 음이온을 흡수할 때에는 토양에 수산화이온(OH^-)을 배출함으로써 음이온을 흡수한다. 작물체내에서 토양으로 나온 수소이온 은 토양 pH를 떨어뜨려 토양을 산성으로 만들지만 수산화이온(OH^-)은 토 양 주변에 있는 수소이온(H^+)과 결합하여 쉽게 물(H_2O)로 변하여 토양에 있는 수소이온을 제거시켜 토양 pH를 올리는 역할을 한다.[20]

대부분 작물은 암모니아태 질소보다는 질산태 질소를 선호하는 데 이것 은 작물체 도관을 통해 질산태 질소가 암모니아태 질소보다 빠르게 잎으 로 이동하고 토양 내에서도 암모니아태 질소보다 질산태 질소 이동이 쉬 워 작물 뿌리가 쉽게 흡수할 수 있고, 무엇보다도 암모니아태 질소 농도가 높으면 식물체내에서 다양한 저해 작용을 하는 독성이 있기 때문이다. 흡 수된 질산(NO_3^-) 이온은 식물체내 유기질소화합물로 전환되기 위해서는 암모늄(NH_4^+)이온으로 전환되어야 하는 데 식물체 안으로 들어온 질산 이 온은 대부분 액포 안에 저장되었다가 질산환원 효소와 아질산 환원 효소 에 의해 암모늄(NH_4^+)으로 전환하게 되고 전환된 암모늄 이온은 각종 아 미노산 합성 등과 같은 조직 기관에 이용된다. 질산(NO_3^-) 이온 동화 작 용은 성숙한 초본 식물은 잎에서, 어린 초본 식물과 목본 식물, 콩과 식물 은 주로 뿌리에서 일어난다. 뿌리에서 동화능력이 떨어지면 잎으로 이동하 여 액포에 대량으로 저장된다.

---

20) Nitrogen: All forms are not equal, Neil Mattson 외, 2009, Cornell University.

화학비료를 토양에 시비하면 정상적인 토양조건하에서는 암모니아태 질소나 요소태 질소는 토양 미생물에 의해 암모니아 형태를 거쳐 질산이온과 아질산 이온을 거쳐 최종적으로 질소이온으로 변형된다.

따라서 토양 내 모든 질소 성분은 토양미생물에 의해 질산태질소로 전환되어 일반 토양 안에는 암모니아태 질소보다 질산태 질소 성분이 많다. 하지만 암모니아태 질소나 요소비료를 다량으로 시비하면 암모니아 가스 발생 문제 이외에 수소(H^+) 이온이 발생되어 작물 근권 내 토양 pH를 떨어뜨려 토양 산성화를 초래하고 알카리성 이온인 칼슘, 마그네슘, 칼륨 등의 흡수를 저해하는 문제를 일으킨다. 또한 작물체 내 일시적으로 너무 많은 양의 암모니아태 질소가 유입되어 작물 줄기 도관을 괴사시킬 수도 있으니 너무 많은 양의 비료를 시비하지 말고 여러 차례 나누어서 시비하여야 한다.

벼농사가 많은 아시아 지역에서는 제일인산 및 제이인산암모늄(MAP,DAP) 등과 같은 암모니아태 질소를 생산하는 비료공장이 많고 원예 및 화훼작물을 주로 재배하고 있는 유럽에서는 질산가리, 질산칼슘, 질산 마그네슘과 같은 질산태 질소 비료공장이 많다.

벼는 물에서 자라기 때문에 암모니아태 질소 함유 비료를 논토양에 시비하더라도 암모니아 및 수소 이온에 의한 독성 피해가 적고 음전하(-)를 띠고 있는 질산태질소 비료보다 양전하(+)를 띠고 암모니아태 질소비료가 토양 내 비료 양분 보존력이 높고 가격이 저렴하여 논에서는 주로 암모니아태 질소를 함유한 비료를 사용한다. 따라서 벼를 재배하는 논토양에는 가격이 비싼 질산태 질소보다는 가격이 싼 암모니아태 질소비료를 시비하는 것이 타당하다.

작물에 따라 질산태 질소와 암모니아태 질소 혼합 비율에 따라 작물의 성장과 수확량이 달라지는 데 토양보다는 배지경인 양액재배에서 뚜렷한 효과가 있다. 예를 들어 배지경 포트재배에서 비료용액의 NO_3^- : NH_4^+ 비율이 고추의 생장 및 수량에 미치는 영향[21]연구에서 질산태질소 : 암모니아태질소가 7:3일 때 고추 생장 및 수확량이 높아 이상적인 비율로 추천하였다.

우리나라 비료산업은 1970년대부터 정부에 의해 주도되었고 식량안보 차원에서 논에서 재배되는 벼 재배용 비료 위주로 생산하였다. 그 결과 국내에서는 암모니아태 질소공장만 가동되고 질산태 질소공장은 가동되고 있지 않아 질산태 질소 관련 비료제품은 고가로 전량수입에 의존해 농민 부담을 가중시키고 있다.

현대인들의 식품 기호도와 섭취 형태가 바뀌었기 때문에 이제 국내에서도 질산태 질소 함유 비료를 생산할 수 있는 비료공장 설립이 필요하다.

요소비료(Urea, 46-0-0)

질소질 비료의 대표적인 비료이다. 전 세계 비료의 수요량이 가장 많은 비료로써 작물 생산성에 지대한 영향을 주는 비료이다. 토양이나 물에 잘 녹고 비료 효과가 작물에 바로 나타나는 속효성비료이다. 물에 녹여 작물의 엽면에도 살포가능하며 생리 화학적으로 중성비료이어서 토양을 산성화시키지는 않는다.

---

21) 배지경 포트재배에서 비료용액의 NO3- : NH4+ 비율이 고추의 생장 및 수량에 미치는 영향, 이호진 외 , 한국원예과학지(Kor. J. Hort. Sci. Technol. 31(1):65~71(2013))

요소비료를 토양에 뿌리면 작물은 요소태 질소(NH_2-N)인 요소 성분 그대로 작물은 흡수할 수 없고 암모니아태 질소(NH_3-N)나 질산태 질소(NO_3-N)로 변하여 작물에 흡수된다. 요소는 토양 속에서 요소 가수분해 효소인 우레아제(urease)가 각종 미생물에서 분비되어 요소를 탄산암모늄을 거쳐 이산화탄소와 암모니아로 분해된다. 요소비료가 토양에 들어가면 토양 수분과 함께 다음과 같은 반응이 일어난다.

$$(NH_2)_2CO + 2H_2O = (NH_4^+)_2CO_3$$
$$(NH_4)_2CO_3 \leftrightarrow 2NH_4^+ + CO_3^{2-}$$
$$2NH_4^+ + 4O_2 \leftrightarrow 2NO_3^- + 2H^2O + 4H^+$$
$$2H^+ + CO_3 \leftrightarrow H_2CO_3$$
$$H_2CO_3 \leftrightarrow H_2O + CO_2$$

분해 속도는 토양온도에 좌우되며 10℃ 이하에서는 늦고 30℃ 이상에서는 2~3일에 대부분 암모니아가 된다. 요소비료를 주면 작물의 엽색이 금방 짙어지고 잘 자란다. 하지만 많이 주게 되면 작물이 튼튼하게 자라지 못하고 삐쭉하게 길게 자라고 바람에 잘 넘어지고, 작물 품질이 좋지 않고, 병해충과 냉해 피해가 많게 되므로 알맞게 뿌려야 한다.

요소비료 제조는 암모니아 공장에서 제조된 암모니아(NH_3)와 탄산가스(CO_2)를 이용하여 요소 반응탑에서 고온(180~200℃), 고압(140~250기압) 반응에 의해 요소(($NH_2)_2CO$)비료가 제조된다. 그래서 대부분의 요소비료 공장은 암모니아 공장 옆에 있다.

암모니아 공장에서는 원료로 납사 또는 천연가스(LPG)를 사용하여 1, 2차 개질로에서 수소이온을 만든 후 질소와 수소를 1:3 비율로 혼합하여 합성탑에 넣어 고온(450~600℃), 고압(약 200~350기압) 반응 하에 최종 암모니아를 합성한다.

석탄이 많이 나는 중국 일부 지방에서는 암모니아 제조 원료로 석탄을 사용하기도 하지만 대부분 유전 지역에서 암모니아를 생산하고 있다.

국내에서는 식량자급을 위한 비료 생산용과 기초 화학물질 제조용으로 암모니아 공장과 요소비료 공장이 1970년대부터 2010여년까지 가동되었다. 저개발국가의 석유 유전지역에서 2000년대 이전에는 석유 시추시 액체층 상층부에 존재하는 가스층을 불태워버렸으나 2000년대 이후부터는 암모니아 제조 원료로 사용함에 따라 유전지역 근처에 암모니아 공장과 요소비료 공장이 건설되었다. 따라서 국내에서는 가격 경쟁력에 밀려 지금은 암모니아 및 요소비료 공장은 모두 정지된 상태이다.

따라서 국내에서 소비되는 암모니아와 요소비료는 전량 수입에 의존하고 있다. 결국 질소질 비료는 원유인 납사 또는 천연가스에서 수소 이온을 만들고 공기 중에 있는 질소와 반응시켜 만든 암모니아가 원천이라고 할 수 있다.

공기 중에 약 78%나 있는 질소 가스(N_2)를 식물이 이용할 수 있는 이온 형태(NH_3^+)로 만들기 위해 많은 비용이 들어간다. 암모니아 공장과 요소비료 공장은 고온, 고압 반응을 하는 시설이어서 고압가스에 의한 폭발 위험성 높아 공장 근무자들은 언제나 긴장된 상태에서 근무하여야 한다.

1913년 독일 바스프사에서 하버 보쉬의 암모니아 합성이 상업적으로 성공한 이래 고비용, 고위험 제조법인 암모니아 합성법이 그대로 유지되고 있는데 향후 하버 보쉬법보다 더 간단하고 비용도 저렴한 새로운 암모니아 합성법 개발이 필요하다.

유안비료(Ammonium Sulfate, 21-0-0)

황산암모늄인 유안비료는 암모니아와 황산의 반응에 의해 일반적으로 제조되지만 국내에서는 나일론섬유 원료인 카프로락탐 생산 공정에서 부산물로 유안비료가 생산된다. 화학식은 $(NH_4)_2SO_4$로서 암모니아태 질소를 21% 정도 함유하고 있으며 백색 결정이며 부성분으로 유황 성분을 24% 정도 함유하고 있는 비료이다.

황산암모늄은 물에 용해 시 pH가 약 4.5 정도로 산성비료이기 때문에 지속적으로 사용시 토양 산성화를 초래할 수 있다. 하지만 블루베리, 녹차와 같이 산성 토양에 잘 자라는 작물은 중성비료인 요소 비료보다는 유안비료를 시비하는 것이 알맞다.

또한 황 성분을 많이 필요로 마늘, 양파, 목초, 파, 배추, 유채, 갓 등과 같은 작물에 사용하면 효과가 좋다. 하지만 과용으로 많이 사용하게 되면 황 성분이 필요량보다 많이 축적되고 토양 pH를 떨어뜨려 작물 생육을 저하시킬 수 있기 때문에 주의하여야 한다.

질산암모늄(Ammonium Nitrate, 33-0-0)

질산암모늄은 질산과 암모니아의 중화반응($HNO_3 + NH_3 \rightarrow NH_4NO_3$)에 의해 제조된다. 화학식은 NH_4NO_3로 질소 함량은 이론상으로 35%이지만 방습을 위하여 가공한 것은 32~34% 정도이다. 일반적으로 질산암모늄 성분은 암모니아태 질소 16.5%, 질산태 질소 16.5% 정도 함유되어 있다. 질산암모늄은 작물이 쉽고 빠르게 흡수하여 토양을 나쁘게 변화시키지 않는다. 논작물에는 거의 사용하지 않고 밭작물이나 시설하우스 농가에서 사용하며 일시적으로 다량으로 사용하면 질소 손실이 커서 소량으로 자주 뿌려주는 것이 안전하다. 또한 고형비료가 물기가 있는 잎에 직접 닿으면 피해를 받기 때문에 주의해야 한다.

암모니아태 질소와 질산태 질소를 동시에 가지고 있기 때문에 암모니아태 질소와 질산태 질소를 동시에 공급할 필요가 있을 때 주로 사용한다. 하지만 가격이 비싸고 폭발 위험으로 저장의 어려움이 있어 국내 공장에서 생산되고 있음에도 불구하고 농민들이 많이 사용하고 있지 않다.

인산질비료

작물이 씨앗에서 발아하여 다시 씨앗을 맺는 정상적인 라이프(Life) 사이클을 완성하기 위해서는 인산을 반드시 가지고 있어야 한다. 작물은 인산을 주로 $H_2PO_4^-$ 이온으로 흡수하고 HPO_4^{2-} 이온은 소량으로 흡수한다. 작물이 성장할 때에는 주로 인산은 새로운 잎, 줄기(young plants)에서 가장 많이 존재한다.

작물의 조직 중에서 오래된 것에서부터 인산이 새로운 조직으로 쉽게 이동하기 때문에 인 결핍은 대부분 작물의 밑 부분에서 주로 나타난다. 작물이 성장하면 대부분의 인은 씨앗이나 과실 쪽으로 이동하게 된다. 인산은 작물체 내에서 광합성, 호흡작용, 에너지 저장 및 이동, 세포 분화, 세포 성장 등에 중요한 역할을 한다. 또한 작물의 초기 뿌리 형성과 성장에도 도움을 준다고 알려져 있다.

인산은 과일, 채소, 벼, 보리의 품질을 높여주고 씨앗 형성에 필수적이다. 따라서 인산은 작물체의 새로운 조직을 만들어 낼 때 반드시 필요하다. 예를 들어 새로운 잎을 낼 때, 뿌리를 새로 낼 때, 꽃이나 열매를 맺을 때, 씨앗을 만들 때에 반드시 필요하다.

인산이 결핍되면 식물의 RNA 합성의 감소로 인해 단백질 합성에 영향을 끼치고, 영양생장이 감소된다. 특히 뿌리가 제한을 받아 줄기는 가늘고 키가 작아진다. 곡류에서는 분얼이 안 되고 과수에서는 신초(新□)의 발육과 화아(花芽)의 발달이 불량해지며 종실의 형성이 감소한다.

일반적인 인산 결핍 증상은 잎 모양이 비틀어지고 노엽은 암녹색을 띠고, 일년생식물의 줄기는 자주색을 띠며, 과수의 잎은 갈색을 띠고 일찍 낙엽이 된다. 곡류와 목초는 영양생장기에 적당한 인산 공급을 받으면 인산 함량이 건물 당 약 0.3~0.4%가 되지만, 인산이 결핍될 때에는 약 0.1% 또는 그 이하로 된다.

인산은 작물이 어릴 때 많이 필요하고, 생육이 왕성한 생장점에서 많이 요구된다. 토양입자와 쉽게 결합하여 토양 외부로 잘 이동하거나 유실되는 경우가 적기 때문에 대부분 전량 밑거름으로 시용한다. 만약 웃거름으로 표층 시비하면 인산 성분은 토양 안으로 들어가지 않고 대부분 토양 표면에 집적된다.

비가 오거나 물을 주면 인산이 집적된 흙탕물이 작물체 하층 부위에 튕겨 작물 줄기나 잎에 묻게 되는데 이 부분에 푸른 이끼가 자란다. 이 이끼에 병원균이 몰려들어 작물에게 피해를 주게 되어 대부분 인산질 비료는 밑거름으로 준다.

인산비료는 시발(始發) 비료로 부르기도 하는데 그만큼 작물의 생육 초기에 절대적으로 필요한 성분으로 특히 개간지 토양이나 작물 재배를 오랫동안 하지 않은 휴경지 토양, 그리고 산림용 토양에 작물을 처음 재배할 때에는 다른 비료 성분보다 인산 비료를 많이 시비하여야 한다. 그만큼 인산 성분은 새로운 조직이 나거나 꽃이나 열매를 맺기 위해서는 필요한 성분이니 중요하게 다루어야 한다.

과인산석회(과석, Single Superphosphate)

과인산석회는 주로 과석으로 불리며 영국에서 1843년 인광석을 황산으로 처리하여 인공적으로 제조된 최초의 인산질 비료이다. 주요 성분으로는 비료공정 규격 상 가용성 인산성분이 16% 중 수용성 인산 13% 이상이다. 인산성분 이외 부성분으로 석고가 약 60% 함유되어 있어 석회(CaO) 성분이 약 29%, 유황(S) 성분이 14% 함유되어 있다.

수용성 인산 성분이 13% 이상 있기 때문에 토양에 시비 시 빨리 녹아 작물 초기 생육에 필요한 인산성분을 충분히 공급할 수 있는 특징이 있고 부성분으로 칼슘과 유황성분이 있어 인산성분이 부족한 화산회토, 신규 개간지, 척박지, 산림토양, 과수원 토양 등에 주로 사용되고 있다.

중과린산석회(중과석, Triple Superphosphate)

중과린산석회는 주로 중과석으로 불리고 인광석을 인산용액과 반응시켜 제조하며 석고의 부산물이 생성되지 않아 인산성분이 높다. 비료 공정 규격상 가용성인산 30% 중 수용성인산이 28%으로 인산성분이 높고 제조 방법에 따라 인산 함량이 44~48% 정도 높일 수 있다. 화학조성은 $CaH_4(PO_4) \cdot H_2O$으로 우리나라는 거의 생산되고 있지 않으며 1970년대 미국으로부터 원조를 받은 적은 있다.

용성인비(Fused Magnesium Phosphate)

인광석에 염기성 암석인 사문암을 전기로에 넣고 약 1400℃ 이상 온도에서 인광석과 사문암을 용융시킨 후 용융물을 급랭하여 분쇄 후 입상화한 비료이다.

비료공정 규격 상 구용성 인산 19%와 구용성 고토 12% 이상으로 인산 성분뿐만 아니라 칼슘, 마그네슘, 규소, 철, 아연, 몰리브덴 등과 같은 미량요소 성분도 함유되어 있어 종합 양분을 함유한 비료라 할 수 있다. 용성인비의 주성분인 구용성 인산은 물에는 녹기 어렵고 토양 중의 묽은 산인 탄산과 작물 뿌리에서 내는 뿌리산(근산)에 의해 녹아 작물에 서서히 이용되는 지효성비료이다.

따라서 용성인비로만으로는 작물 생육 초기에 수용성 인산이 부족하기 쉽기 때문에 다른 수용성 인산질 비료와 혼합하여 사용하는 것이 좋으며 개간지, 화산회토, 척박지 등에 이용된다. 밑거름인 기비용비료로 주로 사용되며 추비로는 좋지 않으며 분말도가 작은 것이 시용효과가 크다.

용과린(Fused Superphosphate)

과석의 빠른 용해성과 용성인비의 초기 인산성분 부족 문제를 해결하기 위해 과석과 용성인비를 혼합하여 제조한 비료이다. 과석의 속효성성분과 용성인비의 완효성성분을 갖고 있기 때문에 작물의 생육 초기부터 후기까지 비료의 효과가 지속되는 장점이 있다.

부성분으로 칼슘, 마그네슘, 규산, 유황 등이 있어 토양에 인산 성분이외 부성분 공급 효과도 있다. 비료공정 규격으로는 구용성인산 17%, 구용성 고토 2.5% 이상이며 주로 회산회토, 척박토, 개간지, 노후화 토양, 간척지 등에 사용 된다.

칼륨(Potassium)

칼륨은 질소나 인과는 달리 식물체내에서 유기화합물을 형성하지 않고, 식물체내에서 일어나는 여러 가지 신진대사 과정 중에 촉매작용을 하고 있어 세포분열이 왕성한 부분에 또는 탄수화물의 생성 혹은 증감이 되는 부분에 많이 함유되어 있다.

칼륨의 기능은 광합성 작용에 중요한 역할을 하여 식물체 내 당 합성과 축적을 촉진시키고, 식물 성장에 필요한 에너지를 공급하는 공정에 관여하여 생장호르몬 생성에 효과적으로 작용하며 세포질 내 존재하는 각종 효소를 활성화시키고, 식물체 내 수분 조절작용으로 질병과 추위에 대한 내성을 가지게 한다. 또한 식물체 기공 개폐 공정은 기공 주위를 쌓인 세포내 칼륨 농도에 의해 조절된다.

칼륨 성분은 열매 비료라고 할 만큼 작물의 생육 후기인 꽃이 피고 열매를 맺는 시기부터 많이 필요하고, 그 시기에는 작물도 뿌리로부터 칼륨 성분을 많이 흡수한다.

대부분의 작물은 이 시기에 질소 성분보다는 칼륨 성분을 많이 필요로 하기 때문에 칼리질 비료를 추가적으로 시용하여야 작물의 수확량과 품질이 좋아진다. 즉, 작물이영양성장에서 생식성장으로 전환될 때에는 질소질 성분보다는 칼리질 성분이 많이 필요하다는 말이다.

칼륨이온(K^+)의 결핍 증상은 직접 눈에 띄게 잘 나타나지 않으나 생장이 감소하고 후기에는 황화현상과 백화현상이 나타난다. 이와 같은 증상은 노엽에서 나타나기 쉬운데, 이는 노엽 중에 칼륨 이온이 어린잎으로 이동하기 때문이다. 칼륨 이온이 결핍된 식물은 팽압의 저하로 식물체가 축 늘어지고 냉해, 병해, 염해에 민감한 반응을 보인다.

염화가리(Murate of Potash, MOP)

염화가리는 가리비료의 대표적인 비료이다. 염화가리는 육지에서 암염이 많이 나는 지역이나 수천년 전에 지구 융기에 의해 바닷물이 갇혀 지하에 매장된 지역에서 주로 생산되며 주로 염화칼륨(KCl)과 염화나트륨(NaCl), 유기물 등으로 퇴적물이 침전되어 있는데 이것을 가공하여 사용하고 있다.

주요 염화가리 광석으로는 다음과 같다.

· 실비나이트(Sylvinite)는 염화칼륨과 염화나트륨의 복염으로 가리(K_2O) 성분으로는 20~30% 정도이다.

· 실바이트(Sylvite)는 염화칼륨으로 주로 구성되어 있으며 가리(K_2O) 성분으로는 63% 정도이다.

· 랑베나이트(Langbeinite)는 황산칼륨과 황산마그네슘으로 구성되어 있고 가리(K_2O) 성분으로는 23% 정도이다.

이러한 염화가리 광석이 매장되어 있는 지역에 대형 염화가리 공장이 설립되어 광석을 공장까지 운반하여 불순물 제거 공정과 비료 제립화 공정을 거쳐 최종 염화가리 비료를 제조한다. 캐나다가 가장 많이 생산하고 있고 러시아, 벨라루스, 중국, 독일, 이스라엘 등에서 생산되며 연간 4천만 톤 이상을 제조하여 전 세계 각지로 판매하고 있다.

염화가리는 가리(K_2O) 성분이 약 60~62% 정도이며 가격 대비 가리 성분이 높아 일반 농민들이 선호하고 있다. 주로 논 작물, 벼, 보리, 밀 등에 주로 사용되며 섬유작물인 마, 삼, 아마 등에도 사용된다. 하지만 염화가리에는 염소(Cl) 성분이 약 45~47% 정도 함유하고 있어 작물의 품질을 저해하는 작물, 즉 담배, 감자, 고구마, 뽕나무 등은 염화가리 시용보다는 황산가리 사용이 더욱 더 알맞다. 또한 염소 성분은 염류농도 지수가 높기 때문에 염류가 많이 집적된 하우스 토양에는 시비를 하지 않는 것이 바람직하다.

황산가리(Potassium Sulphate:SOP)

황산가리는 염화가리의 단점을 극복하기 위해 황산가리 제조공장에서 약 500℃ 이상 되는 반응기에서 염화가리와 황산을 넣고 가열하면 황산가리와 염산이 생산되는데 황산가리는 비료로 사용하고 염산은 공업용 제품으로 판매된다. 염화가리보다 황산가리 비료가 비싼 이유가 여기에 있다. 염화가리를 이용하여 공장에서 한 번 더 황산과 반응시키는 공정이 더 들어가니까 비쌀 수밖에 없다.

주로 논작물은 염화가리를 사용하여도 담수되어 있는 물로 인해 염소 이온 피해가 덜하지만 밭작물은 염소 이온 피해가 더 심해 주로 밭작물은 황산가리 제품을 사용한다. 가리 성분뿐만 아니라 작물의 다량원소인 황 성분을 공급해주기 때문에 작물 품질 향상과 수확량을 더 높여 준다.

질산가리(Potassium Nitrate, 13-0-46)

질산가리는 질산과 염화가리 반응(HNO_3 + KCl → KNO_3 + HCl)에 의해 제조되며 염소(Cl) 성분을 싫어하는 작물의 성장을 빨리 하고자 할 때 많이 사용한다. 또한 토양 pH가 높아 알카리 상태로 되었을 때 암모니아태 질소(NH_4-N)의 암모니아 가스 발생 우려가 있을 시에도 사용한다.

염화가리나 황산가리보다 물에 대한 용해도가 높아 하우스 내 양액 및 관주 재배 시에 주로 이용되며 작물의 생육 후반기 질소와 가리 성분을 공급을 동시에 해주어야 할 시기에 주로 한다. 또한 겨울철 저온기에 비료 양분 흡수 속도가 빨라 겨울철 시설하우스 작물에 주로 이용되고 있으며 국내에서도 사용량이 점점 늘어나고 있다. 하지만 암모니아태 질소보다 가격이 높아서 일반 논작물 및 밭작물에는 거의 이용되지 않고 있으며, 시설하우스 내 환금성 작물과 화훼 작물에 주로 이용되고 있고 국내에서는 전량 수입에 의해 사용되고 있다.

토양개량제 비료는 토양의 보약

토양을 개량한다는 것은 어떤 의미일까? 토양개량제는 현 경작지의 토양의 문제점을 파악하고 그 문제점을 해결하기 위한 신규 자재를 말한다. 배수가 불량한 토양은 배수가 잘 되는 모래성분이 많은 사토가 토양개량제일 것이고 반대로 너무 배수가 잘 되는 토양은 입자가 고운 진흙이 토양개량제이다.

오래 전 논에 객토 사업을 한다고 해서 산에 있는 황토를 파서 논에 넣은 적이 있다. 황토는 pH가 5.0~5.5 정도의 산성토양으로 대부분 산성인 국내 논토양에 다시 산성 토양을 쏟아 부은 격이 되었다. 황토는 Fe^{3+} 철 이온의 영향으로 붉은색을 띄는데 이 철 성분은 논토양에 있는 인산 성분과 결합하여 벼가 이용할 수 없는 형태로 변환되어 버린다.

인산 성분은 이제 막 이앙한 벼의 뿌리를 잘 내리게 하고 벼의 몸체 수를 늘리는 분얼에 직접적으로 관여하기 때문에 인산 성분이 부족하면 벼 성장이 더디고 열매가지 수를 충분히 확보하지 못해 벼 수확량이 떨어지게 된다. 또한 황토 객토를 통해 논토양으로 녹아 든 많은 철 이온은 길 항작용으로 벼의 양이온 성분(칼슘과 마그네슘 등) 흡수를 저해하여 결국 벼 생육이 떨어질 수밖에 없었다. 이것은 개별 경작지 토양 상태와 작물 생육 환경을 무시한 채 강행한 사업의 결과다. 얼마 지나지 않아 문제점이 발생되자 객토 사업은 종료되었다.

자기 경작지의 토양을 파악하지 않고 무조건적인 신규 자재 투입은 신중을 기하여야 하고 오히려 독으로 되돌아 올 수 있다는 것을 명심해야 한다. 만약 경지정리 등으로 객토를 실시하였다면 깊이갈이를 하여 기존 토양과 혼합하게 하고 논토양은 토양개량제인 규산질비료를 시비하여야 하고 밭토양은 석회질비료를 시비하여야 한다.

또한 초기 인산 성분 부족을 막기 위해 속효성 성분보다는 지효성 성분인 용성인비와 같은 인산질 비료를 추가적으로 시비하여야 한다. 객토한 토양에는 기존 NPK 비료 시비량보다 20~30% 정도 더 높게 시비하여 토양 내 부족한 양분을 추가적으로 공급해주어야 한다.

정부에서는 대부분 산성을 띠고 있는 국내 농경지 토양 개량을 위해 토양 개량제를 농민들에게 무상으로 공급하고 있다. 논토양은 규산질비료를, 밭토양은 석회질비료를 제공하고 있다. 이런 비료는 보통 pH가 8 이상인 알카리성 자재로 산성 토양을 중화시킨다. 그런데 무상이라 그런지, 화학비료처럼 빠른 효과가 없어서 그런지 힘들여 뿌리지 않고 밭둑에 쌓아 두는 농가가 많다. 이런 농가는 보물을 썩히고 있는 셈이다. 또한 자신의 무지를 부끄러워 할 줄 알아야 한다.

규산질비료는 논토양 pH를 올려줄 뿐 아니라 논토양에 부족한 규산 성분과 칼슘, 마그네슘, 철, 망간 성분 등을 보충해준다. 일반적으로 논토양에 규산 성분량이 130ppm 이하이면 규산 성분이 부족한 논으로 판단하고 규산질 비료 시비를 권하고 있고 벼는 규산성분을 질소 성분보다 약 8배 이상 흡수하여 가장 많은 양이 필요하다.

대략 벼 100kg 생산에 질소 흡수량은 1.8kg 정도이고 규산 흡수량은 약 14.8kg 정도이며 이는 질소의 약 8.2배 정도 되는 양이다. 볏짚에도 규산 성분이 약 10~14% 정도 들어 있는데 요즈음 볏짚을 소 사료용으로 사용한다고 해서 논에서 반출되고 있어 논토양 내 규산성분과 유기물 함량이 길수록 떨어지고 있는 추세이다.

전국 평균 논토양 내 유효 규산 함량은 약 50ppm 내외이고 pH도 5.5내외이어서 대부분의 국내 논토양에는 규산 성분이 더 많이 필요하여 규산질비료 시비를 통해 규산 공급과 pH를 올려야 한다.

아침나절 이슬이 맺힐 때 벼 잎을 자세히 보면 유리조각 솜털처럼 이슬에 반짝이는 게 보이는데 이 성분이 실리카인 규산 성분이다. 잔디 잎도 마찬가지로 유리조각 솜털이 있는 데 이 성분도 규산 성분이다. 그만큼 규산 성분은 화본과 작물 (벼, 보리, 밀, 조, 옥수수, 수수, 잔디 등)에 필수적인 성분이고 우리가 매일 먹는 밥과 같다.

규산 성분은 벼의 잎과 줄기를 실리카 성분인 규산으로 단단하게 하여 도복에 강하고 햇빛을 많이 받게 하여 벼 수확량을 높일 뿐만 아니라 쌀맛도 좋게 한다. 또한 벼 잎 표피층에 있는 딱딱한 규산 성분이 외부로부터 침입하는 병해충에 대한 저항성을 높여 주어 농약 살포량을 줄일 수 있다. 따라서 규산 성분은 벼의 보약 같은 물질이니 한 톨이라도 소중히 여겨야 한다.

규산질비료가 논토양의 보약이라면 석회질비료는 밭토양의 보약이라 할 수 있다. 우리나라 토양은 대부분 산성암인 화강암과 화강편마암이 대부분이어서 토양이 태생부터 산성화되어 있다. 일부 염기성암인 사문암과 석회암 지역을 제외하고는 대부분 전 국토의 90% 이상이 산성화된 산성 토양이어서 산성토양을 개량하기 위해 정부에서는 주로 칼슘 성분으로 구성된 석회질 비료를 공급하고 있다.

우리나라 평균 밭토양 산도는 약 5.5 정도이고 적정 기준치 6.5에 미달되어 석회질비료는 국내 밭토양을 개량할 수 있는 가장 값싼 비료이면서 가장 효과가 높은 비료이다.

특히 우리나라는 년간 강수량 중 여름 우기에 60~70% 정도로 집중적으로 내려 토양 유실이 심하고 토양 속에 있던 알카리성 이온 성분인 칼슘, 마그네슘 등과 같은 무기양분 유탈이 심하다. 태풍 때 강물이 흙탕물로 변하는데 그 흙탕물의 정체는 일시에 쏟아지는 폭우의 압력에 견디지 못한 지표면의 토양이 빗물과 함께 떠내려간 것들이다.

석회질비료는 세립자인 각각의 토양입자(홑알구조)를 서로 뭉치게 하여 작은 둥근 한약 환처럼 입단구조(떼알구조)로 만들어 토양 유실을 적게 하는 효과가 있다. 알카리성 무기양분 이온이 유탈된 그 자리에 산성인 수소 이온이 들어앉아 토양 산성도를 가속화시킨다.

또한 칼슘 흡수를 많이 하는 배추, 양배추, 고추 등과 같은 작물은 연속적으로 한 곳에서 계속 재배하면 칼슘(석회)과 마그네슘(고토)양분이 토양 안에서 고갈되어 반드시 석회질비료를 시비하여야 한다. 따라서 우리나라 밭토양 대부분은 운명적으로 석회질비료를 많이 시비하여야 하는 팔자를 타고 났다.

현재 시판되는 석회질비료의 종류는 생석회, 소석회, 탄산석회, 석회고토 및 패화석 등이 있는 데 주로 농가에서 사용하고 있는 비료는 석회고토비료와 패화석비료이다. 석회고토비료는 우리나라 동해안 석회암 지역에서 주로 생산되고 패화석비료는 남해안 조개껍데기를 분쇄하여 비료 입자화시켜 전국으로 유통되고 있다.

석회질비료는 산성토양을 중화시켜 토양 미생물 수를 증대시키고 작물의 양분 이용효율을 높여주고 토양입자를 뭉치게 하여 주는 역할을 하여 토양 물리성 및 통기성을 증대시켜 작물 뿌리를 잘 자라게 해주는 역할을 한다. 또한 비료 3요소인 질소-인산-칼리에 석회(칼슘)를 합하여 비료 4 요소로 말할 정도로 석회(칼슘)는 작물 양분에 있어서 중요한 역할을 한 다. 이러한 효과를 통해 석회질비료는 작물 수확량을 증대시키고 작물의 품질을 향상시켜 농가 수익을 올려주는 효자 같은 농자재이다.

완효성비료란?

완효성비료는 일반 화학비료의 너무 빠른 토양 내 용해성으로 작물이 비료 양분을 모두 흡수하기 전에 비료가 대기로, 지하수로, 도랑으로 빠져 나가는 문제점을 해결하기 위해 개발된 비료이다. 완효성비료는 일반 화학 비료 완제품을 원료로 하여 신규 제품으로 다시 제조된 것으로 비료 자원 낭비를 최소화할 수 있어 현존 화학비료 제조 기술 중 최고의 기술력을 인정받고 있는 제품이다.

완효성비료는 크게 Slow Release Fertilizer와 Controlled-Release Fertilizer로 구분한다. 혹자는 질산화억제제도 포함시키기도 하는데 여기 서는 비료의 토양 내 용해성 문제 극복을 위한 전제로 하기에 제외하기로 한다.

완효성비료는 합성형 완효성비료와 피복형 완효성비료로 구분하는데 합 성형 완효성비료가 Slow Release Fertilizer이고 피복형 완효성비료가 Controlled-Release Fertilizer이다. 영어식 표현처럼 합성형 완효성비료 는 비료성분이 서서히 용출되는 비료이고 피복형 완효성비료는 비료성분 용출을 조절 가능한 비료이다.

합성형 완효성비료의 원재료는 요소비료이다. 요소비료와 일반 화학물질을 반응기에서 반응시켜 새로운 물질로 전환시켜 그 물질이 물에 서서히 녹게 만든 것이다. 즉 요소비료의 물에 대한 용해도 108g/100ml(20℃ 기준)을 0.1~0.3g/100ml으로 만들어 물에 대한 소수성을 부여한 것이다. 대표적인 합성형 완효성비료는 UF, IBDU, CDU가 있다. UF는 포름알데하이드(formaldehyde), IBDU는 이소부틸알데하이드(isobutyraldehyde)와, CDU는 아세트알데하이드(acetaldehyde)를 요소비료와 각각 반응시켜 제조된 것이다.

합성형 완효성비료 복합비료를 제조하기 위해서는 상기 UF, 또는 IBDU, 또는 CDU를 NPK 복합비료에 각각 혼합하고 이것을 분쇄한 후 일반 비료 크기로 다시 조립하거나 바다 조가비 조개처럼 덩어리 비료를 제조해서 최종 제품을 만든다. 다시 쉽게 설명하면 UF복비는 UF물질과 NPK복합비료를 혼합 분쇄하여 다시 제조립 생산한 비료이다.

따라서 이 비료는 질소질 성분만 완효화 시킬 수 있고 나머지 비료 성분은 완효화 할 수 없는 단점이 있다. 또한 작물 생육시기에 따라 비료 용출속도를 정밀하게 조절할 수 없다. 하지만 이 비료는 요소비료의 빨리 녹는 단점을 보완시킴으로 해서 비료의 이용효율을 높일 수 있는 장점이 있어 원예작물 및 골프장 잔디용으로 주로 사용되고 있다

피복형 완효성비료는 일반 속효성비료에 유황 또는 고분자수지로 코팅처리한 비료로 비료표면에 피막을 형성함으로써 비료의 용해도를 조절하였다.

로우타리 드럼에서 유황으로 코팅한 피복비료를 SCU(Sulphur Coated Urea)라 불리고 유동층 피복기에서 비료를 공중으로 부상시켜 고분자수지로 피복한 비료를 PCU(Polymer Coated Urea), PCF(Polymer Coated Fertilizer)으로 불린다.

SCU는 유황을 높은 온도에서 녹여 요소비료 표면에 피복하여 제조한 것으로 코팅량이 많고 단분자인 유황의 코팅 부착력 한계로 인해 정밀한 용출 조절이 어려워 국내에는 널리 보급되지 못하고 있다. 하지만 합성형 완효성비료보다 용출 조절 기간을 길게 할 수 있고 가격이 저렴하고 유황을 많이 필요로 하는 작물에 주로 사용되고 있다.

PCU는 요소비료에 고분자수지를 피복한 피복요소이고 PCF는 NPK 복합비료에 고분자수지를 피복한 피복복비이다. 이 피복비료는 고분자수지로 피복함으로써 피복제 두께와 고분자 수지 특성에 따라 비료 용출 속도를 조절한다.

현 상업화 공장에서 생산되고 있는 피복비료용 고분자 수지는 아크릴수지, 폴리우레탄수지, 알키드수지, 폴리에틸렌 수지 등이다.

PCF는 원재료인 속효성비료의 성분 함량에 따라 최종 제품의 성분비가 결정된다. 예를 들어 NK비료를 코팅하면 NK 코팅비료를 생산할 수 있고 미량요소를 함유한 NPK 속효성비료를 코팅하면 미량요소를 함유한 코팅복비를 생산할 수 있어 속효성비료의 원재료 상태에 따라 비료 성분을 조절할 수 있다. 따라서 PCF비료는 타 피복비료와는 달리 모든 비료 성분을 완효화할 수 있어 현존 비료 제조 기술 중 최고의 기술이라 평가하고 있다. PCF 비료의 양분 용출 기간은 작물의 양분 요구일에 맞추어 생산되고 있는데 주로 2~3개월, 4~5개월, 6~7개월용으로 생산되고 동남아시아와 같이 년 중 성장하는 아열대 나무용으로 10~12개월용 PCF 비료를 생산하고 있다.

완효성비료 개발 필요성

우리나라의 토양은 화강암 및 화강 편마암에서 유래된 것이 대부분으로 토성이 양질(壤質) 내지 미사질(微砂質) 토양이고 유기물 함량이 적어 양분 보존능이 낮아 시용된 비료의 유실이 많다.

속효성비료는 작물의 생육시기에 맞추어 양분이 적절히 공급될 수 있도록 여러 차례에 걸쳐 나누어 시비(施肥)하고 있지만, 그 시기와 양을 결정하기 어렵고 시비 노동력 증가 및 작물의 양분 이용 효율 저하로 인해 환경 부하 증가 등 여러 가지 문제가 있어 밑거름 1회 시용으로 작물이 수확될 때까지 지속적으로 양분을 공급할 수 있는 값싼 완효성비료 개발 연구가 계속되고 있다.

일반적으로 작물의 속효성비료 이용률은 20~40% 정도이어서 비료 자원 낭비가 심하고 주변 하천 및 강과 바다에 비료 양분이 흘러들어 부영양화 및 적조 현상을 초래하고 있다.

이러한 현실 때문에 정부에서는 1997년도에 환경농업육성법을 공포하여 환경농업 육성을 위한 제도적 기틀을 마련하였으며 최근에는 작물영양 종합 관리(Integrated Nutrient Management, INM) 개념을 도입하여 토양 정밀 검증을 통하여 작물이 필요한 양분만 공급될 수 있도록 완효성비료 등 신비종과 주문형 배합비료(BB, Bulk-Blending 비료) 및 적정 시비법을 개발 보급 중에 있다.

특히 완효성비료는 기존 속효성 비료를 3~5회 주는 번거로움을 없애고 기비(基肥) 1회 시용으로 작물이 수확할 때까지 양분이 지속적으로 공급 가능하기 때문에 작물의 비료 이용율을 60~90% 정도까지 높일 수 있다.

비료 시용량을 감비(減肥)하여도 작물의 수확량이 감소되지 않아 현재 고령화로 노동력 부족이 심각한 농촌에서 그 사용량이 급격히 증가하고 있는 추세이다. 하지만 시중에 시판되고 있는 완효성비료는 시판 가격이 기존 속효성비료 가격보다 2~5배 정도 비싸 농민들이 구매의 어려움을 호소하고 있어 완효성비료 시장은 활성화되지 못하고 있는 실정이다.

또한 비료 원재료의 원천은 모두 천연 지하자원이기 때문에 현재와 같이 무분별하게 비료를 시비하면 언젠가 자원이 고갈되고 나면 비료 가격은 천정부지로 치솟을 것이고 비료 대체품을 개발하지 못하면 인류의 미래는 암담할 수밖에 없다.

작물에 이용되지 못하고 외부로 빠져 나간 비료양분들은 지구 온난화 가스 및 미세먼지를 배출시키고 강에는 녹조와 바다는 적조를 발생시켜 환경오염으로 인한 정부의 비용부담이 많을 뿐 아니라 지구 환경을 갈수록 더 나빠지게 만들고 있다. 그래서 절반 이상을 외부 환경으로 버리고 있는 지금의 화학비료를 최종 제품으로 인식하지 말고 다시 재가공하여 비료 사용량을 절반 이상 줄여도 작물 수확량이 줄지 않는 완효성비료 의 필요성이 더욱 강조되고 있는 것이다.

피복비료 양분 용출 및 제조 원리

일반 화학비료를 고분자수지로 피복하면 비료 표면에 필름 막이 형성된다. 일반적으로 필름 막은 70~150㎛ 정도 되며 고분자수지의 특성과 비료양분 용출기간에 따라 필름 막의 두께는 달라진다. 피복비료를 토양에 시비하면 토양에 있던 물이 반투과성 피막을 통과하여 피막 내부에 있던 비료를 용해시킨 후 다시 비료 성분이 삼투압작용을 받아 외부 환경으로 빠져 나오게 된다.

비료 표면을 감싸고 있는 고분자 피막은 반투과성 막(Semipermeable

membrane)으로 비료 성분을 시간에 따라 선택적으로 바깥으로 용출시킨다. 피복비료의 용출속도는 토양 pH나 미생물에 거의 영향을 받지 않고 주로 온도에 가장 많은 영향을 받는다.

토양온도가 높으면 피막 내 삼투 압력이 높아 용출속도가 빠르게 진행되고 반대로 온도가 낮으면 용출속도가 느려진다. 이러한 용출속도 조절 기술은 피복비료 제조사들의 오랜 노하우(Know-how)로서 제조사마다 약간 다른 기술을 보유하고 있다.

그림과 같이 피복비료 외부에 있던 물이 피막을 통과하여 안으로 들어오면 물이 비료양분을 녹인 후 비료 양분을 피막 바깥으로 용출시킨다. 용출되는 비료성분은 속효성비료 원재료 성분에 따라 결정되며 일반적으로 비료성분이 많이 있는 것이 비싸다.

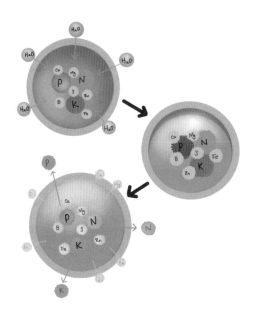

그림 13. 토양내 피복비료 용출 모식도

피복비료 종류 및 국내 비료공정 규격

국내 비료관리법 제4조의 규정에 의해 시중에 유통되고 있는 비료를 비료공정규격에 의해 관리하고 있는데 피복형 완효성비료에 대한 비료공정 규격에서는 다음 표 7과 같이 그래뉼 요소에 피복물질을 피복시킨 피복요소, 복합비료 입자에 피복물질을 피복시킨 피복복합비료 그리고 피복요소와 속효성복합비료를 혼합하여 제조한 피복요소복합비료로 3가지 종류로 나누어 관리하고 있다.

표 7. 피복형 완효성비료에 대한 국내 비료공정 관리규격

비료의 종류	함유하여야 할 주성분의 최소량(%)	기타 규격	비고
피복요소	질소 전량 : 35%	질소의 초기 용출율(30℃, 24시간 수중 정치용출)은 25%이하일 것)	
피복복합비료	질소 전량, 수용성 인산, 또는 구용성 인산, 수용성 가리 중 2종 이상 합계량 :15	질소의 초기 용출율(30℃, 24시간 수중 정치용출)은 50%이하라야 함	
피복요소복합비료 (피복요소와 제2종복합비료 또는 제 2종 복합비료 원료를 배합한 것)	질소 전량, 가용성인산 또는 구용성 인산, 수용성 가리 또는 구용성 가리 중 2종 이상 합계량 : 20	질소의 초기 용출율(30℃, 24시간 수중 정치용출)은 50%이하라야 함	

국내에서 유통되고 있는 비료 양분 용출 조절이 엄격한 피복복합비료는 현재 대부분 수입에 의해 시중에 유통되고 있으나 향후 국내에서도 충분히 대체 가능하며 수도작(벼)용 완효성비료는 대부분 피복요소복합비료로

서 국내에서 제조된 피복요소와 속효성복합비료가 혼합된 제품이다.

제조사마다 다르나 일반적으로 피복요소를 30%, 속효성복합비료를 70% 정도 혼합하고 있으며 일부 회사는 칼리질 성분의 완효화를 위해 피복복합비료를 일부 혼합하기도 한다.

피복비료 구매 시 비료 성분과 비료 양분 용출 기간, 작물맞춤형 피복비료인지를 파악하고 구매하는 것이 좋다.

작물별 맞춤형 피복비료 제조 원리

피복비료는 작물 전 생육기간 동안 비료 성분을 서서히 용출시킬 수 있기 때문에 대부분 밑거름 1회 시비로 비료 시비를 끝낸다. 즉 밑거름 시비 후 더 이상 추가로 비료를 시비하지 않는 것이 일반적이다.

밑거름 1회 시비로 작물이 필요한 시기에 필요한 성분과 양만큼 안정적으로 공급하기 위해서는 작물의 양분 흡수 특성과 생육환경 특성을 잘 알아야 한다. 예를 들어 벼와 고추는 필요로 하는 양분 양과 성분이 다르며 재배 환경조건도 서로 다르기 때문에 벼 재배용 피복비료로 고추에 시비하면 고추 생육이 정상적으로 이루어지지 않는다.

따라서 피복비료는 작물별로 개별적인 맞춤형비료로 개발되어야 하고 기후와 토양 환경 조건이 다르기 때문에 오랜 기간을 걸쳐 작물재배지 현장에서 작물 재배시험을 통해 최종 제품을 선정하여야 한다. 그만큼 연구개발에 많은 시간이 필요한 제품이다.

그림 14와 같이 고추를 예를 들면 고추는 모종 정식 후 약 30일 경부터 꽃이 피어 열매가 달리고, 다시 줄기가 성장하고 꽃이 피고 열매가 달리는

작물로 영양 성장과 생식 성장이 동시에 일어나는 작물이다.

양분 요구가 높아 타 작물에 비해 비료 시비량이 높은 편이고 속효성비료 시비횟수도 총 4회에 걸쳐 나누어 시비한다. 또한 열매가 달리는 시기인 30일 이후부터는 칼리질 성분이 질소, 인산질 성분보다 더 많이 필요로 하기 때문에 칼리질 성분이 부족하면 안 된다.

고추 맞춤형 피복비료는 이러한 고추의 양분 흡수 특성에 알맞게 고추 뿌리가 많이 뻗기 전인 초기 단계인 5월에서 6월 중순에는 비료 양분 용출을 적게 하고 6월 중순 이후부터 9월까지는 비료 양분 용출을 많게하여 홍고추 생산에 필요한 양분을 충분히 공급할 수 있도록 비료 양분 용출을 조절하여야 한다. 또한 그 기간에 칼리질비료 성분이 충분히 용출될 수 있도록 피복비료를 설계하여야 한다. 필자는 이러한 기술을 양분용출 관리, 즉 NRM(Nutrient Release Management) 기술이라고 칭하였으며 현존 화학 비료 양분 관리 기술 중 최고의 기술이라 할 수 있다.

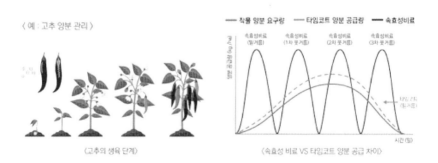

그림 14. 작물별 맞춤형 피복비료 개발은 작물 양분흡수특성에 기초를 두어야 한다

NRM 기술을 이용한 고추 맞춤형 피복비료 개발 실예

NRM 기술은 UN의 미래농업을 위한 4R 스튜어드십(Stewardship), 즉 '정확한 성분(Right Source)', '정확한 양(Right Rate)', '정확한 시간 (Right Time)', '정확한 장소(Right Place)'에 기초로 하여 개발된 기술로 현 화학비료 시비량 대비 50~90% 이상 감축 가능한 미래형 스마트 기술 이라 할 수 있다.

그림 15. UN은 미래 농업을 위해 4R 스튜어드십(Stewardship)을 권장하고 있다

NRM 기술 실현을 위해 2019년 필자는 한국과 중국에서 동시에 NRM 기술을 적용한 고추 재배 시험을 실시하였다. 중국은 일시 수확형 고추로 열매가 적은 소과 품종을 심었고 한국은 노지 고추를 심었다. 일반적으로 한국이나 중국 농부는 비료를 시비할 때 1차 밭갈이를 한 후 토양 전면에 비료를 뿌리고 다시 2차 밭갈이한 뒤 두둑을 만들어 비닐 멀칭한 위에 고추 모종을 심는다.

한국과 중국 대부분의 농부들은 오랜 관행에 의해 습득된 경험으로 비료를 선택하고 비료 양을 결정하여 시비하고 있어 고추 생육에 적합한 비료 사용방법이라 할 수 없다. 또한 두둑 위에 심은 어린 고추 모종의 뿌리가 두둑 바깥 부분까지 뿌리를 뻗혀서 비료 양분을 흡수하기 위해 약 30일 정도 기간이 필요하다.

일반 화학비료를 뿌린 후 30일 정도이면 비료 양분은 거의 소멸되고 없어진다. 즉 어린 고추가 토양 전면에 있는 비료 양분을 모두 흡수 할 수 없고, 고추 뿌리 근권 이외의 비료는 필요 없는 비료가 될 수밖에 없는 것이다.

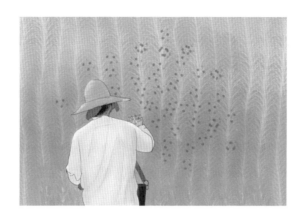

그림 16. 현 대부분의 화학비료 시비는 전체 토양 표층 위에 뿌리는 표층시비를 하고 있어 비료 양분 유실이 많다

필자는 이러한 비료 시비방법의 문제점을 인식하고 아래 그림과 같이 '타임코트' 라는 피복비료를 개발하여 고추 모종 뿌리 밑에 시비하여 비료 낭비를 최소화시켰다. 즉 피복비료를 토양 전면에 뿌리지 않고 고추 뿌리가 자라는 근권에 시비하여 고추 생육 단계에 따라 비료 성분 양과 종류를 조절하였다.

〈 예 : 타임코트 근권 시비방법 〉

구멍파기 　 타임코트 　 타임코트를 흙으로 　 모종심기 　 흙 채우기 　 물 주기
　　　　 비료 넣기 　 살짝 덮어주기

그림 17. 피복비료를 작물 근권에 시비함으로써 현 화학비료
시비량 대비 90% 절감하여도 작물 수확량이 줄지 않는다

　피복비료 '타임코트'를 이용한 근권시비 결과 피복비료에 의한 고추 뿌리 생육 피해는 없었다. 고추 1개의 모종 시비량 15g/모종 이상이면 높은 비료 농도에 의해 고추 초기 생육에 약간의 비해 피해가 발생되었고 10g/모종, 5g/모종, 3g/모종에는 비료 피해가 없었다. 3g/모종 처리구에서 일반 속효성비료 관행 시비구보다 낮은 수확량을 보였고 10g/모종, 5g/모종 처리구에서는 약간 높거나 비슷한 수확량을 보였다.

　한국과 중국에서 동시에 실시한 고추 작물재배 시험을 통해 현재의 관행 화학비료 시비량보다 약 90% 정도 줄여도 고추 수확량 및 품질 저하가 없어 NRM 기술을 이용한 작물맞춤형 피복비료는 미래 세대를 위한 최고의 비료 기술이라 할 수 있다. 이번 시험에 대한 자세한 내용은 대한민국 특허(출원번호 10-2019-0158118)를 참조하면 된다.[22]

---

22) 근권시비용 피복비료 및 이를 이용한 작물의 재배방법, 삼농바이오텍, 하병연, 백소현(2019)

화학비료가 공급되지 않으면 어떤 일이 발생될까?

화학비료는 여러 장점이 많지만 단점도 많이 있어 일반인들에게 좋지 않은 이미지로 남아 있다. 심지어 농사를 짓는 농민들도 화학비료를 좋지 않게 여겨 농민들에게 화학비료를 토양에 시비하지 말아야 한다고 선동하는 사람도 있다. 심지어 일부 소수의 사람들은 화학비료를 무슨 독극물로 취급하고 화학비료가 건강에 아주 나쁜 영향을 미친다고 호도하고 있다.

2007년-2008년에 국내에 화학비료 공급 파동이 있었다. 국제 화학비료 원재료 가격이 천정부지로 끊임없이 폭등하자 급기야 국내 화학비료 생산 기업에서는 화학비료 생산 중단과 농가 공급을 포기하게 되었다. 농가에서는 봄철이라 논밭에 비료를 주어야 하는데 비료를 구매하지 못하자 애가 탄 농민들은 정부기관과 농협에 항의를 했지만 별다른 해답이 없었다. 저자가 그때 당시 화학비료 회사에 근무하고 있었는데 화학비료의 중요성을 뼈저리게 느끼게 된 계기였다.

국내 뿐만 아니라 전 세계 화학비료 가격도 급등하였고 곡물 가격도 치솟아 각 국가에서는 식량 확보에 비상이 걸렸다. 일부 곡물 수출국은 곡물 수출을 중단하거나 제한하였고 비료 원재료 수출국도 수출을 제한했다. 비료 원재료와 곡물이 부족한 국가에서는 돈이 있어도 곡물과 비료 원재료를 살 수가 없었다.

시카고 상품 거래소에 따르면 2007년 2월 약 100불 정도하던 밀과 쌀 가격이 2008년 3월에는 약 250불로 급등하여 일년 사이에 2.5배나 상승하였고 비료 가격도 일년 사이에 약 3배 정도 폭등하였다. 세계 각국의 물가는 급등하였고 이렇게 2007년-2008년 세계 식료품 가격 위기 사건이 터졌다.

이 사건은 2006년 후반기 이후부터 2008년 전반기까지 약 2년간 세계 식량 가격이 급격히 상승한 사건을 말하며 주요 곡물 생산 국가들의 오래된 가뭄과 원유 가격 상승이 그 원인으로 파악되고 있다.

식량 가격 폭등이 물가 폭등으로 이어지자 인도에서는 2007년 식량부족으로 인해 웨스트뱅골 주에서 폭동이 발발하자 바스마티 종 쌀을 제외한 모든 쌀의 수출을 금지했고, 방글라데시에서는 수도 다카에서 낮은 임금과 높은 식량 가격에 불만을 품은 노동자들이 대규모 시위와 폭동이 일어났다.

아이티에서는 식량 가격 상승으로 대규모 폭동이 일어나자 총리가 물러났고 파키스탄은 농경지와 창고에 식량을 강탈당하는 것을 막기 위해 육군이 배치되었다. 그 밖의 다른 저개발 국가에서도 식량문제로 인해 폭동이 발생되었으며 브라질, 중국, 일본 등은 쌀 수출을 금지하였다.

식량생산은 자연에서 얻는 물질과 화석 에너지 의존도가 매우 높아 자국 내 식량 자급도를 높이지 않으면 항상 먹거리 위험성을 안고 살아가야 한다. 아래 그림 18과 같이 질소질 비료 소비량이 증가함에 따라 세계 인구도 급격하게 증가하였다.[23] 즉, 1940년대 암모니아 합성에 의한 질소질 비료가 상업 생산되자 세계 인구도 이때부터 급격하게 증가하게 되었다. 만약 화학비료가 공급이 되지 않으면 전 세계 인구는 현 70억 명에서 30억 명 이하로 급격히 줄어들 것이다. 화학비료는 인류 식량 원천이고 인류 문명 발달의 기초라 할 수 있기 때문에 화학비료를 천대시 하지 말아야 하며 한 톨의 비료도 소중히 여겨야 한다.

---

23) https://ourworldindata.org, How many people does synthetic fertilizer feed? Hannah Ritchie (2017)

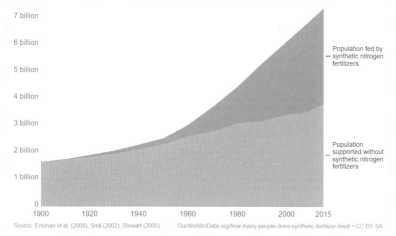

그림 18. 화학비료는 인구 증가에 혁신적인 공을 세웠다

어머니는 항상 이렇게 말씀하셨다

하병연

애
　야
　　풀
　　은
　　철
　　철
　이
　　나
　　서
　　　뿌
　　　리
　　　박
　　히
　　기
　　전
　　　에
　　　뽑
　　　아
　　　야
　　　한
　　　단
　　　다

농사에서 가장 어려운 일은 풀 잡는 일이다. 풀은 철철이 나기 때문에 제때 제거하지 않으면 밭이 풀밭이 된다. 사람도 마찬가지이다. 타이밍이 중요하다. 타이밍을 놓쳐 후회하는 경우가 인생의 행로에서 얼마나 많았던가! 또한 내 주변에서, 내 속에서 자라는 어린 잡초들을 과감히 뽑지 못하고 그대로 방치하였다가 시간이 흘러 뽑히지 않는 그 잡초들에 의해 얼마나 많은 곤혹을 치루어야 했던가! 욕심 뿌리가 나면 욕심 뿌리를, 미움 뿌리가 박히면 미움 뿌리를, 게으름 뿌리가 돋아나면 게으름 뿌리를 과감히 뽑아내자. 내일로 미루지 말고.

5장 농작업 및 작물 가꾸기

풍년이라는 말

하병연

풍년이라는 말, 사람과 사람과의 악취가 풍기는 말

풍년이라는 말, 농부의 눈구멍으로 장대비가 쏟아지는 말

풍년이라는 말, 몸의 중심에 피었던 꽃이 덥석 떨어지는 말

풍년이라는 말, 눈에 보이지 않는 하늘 한줌이 말라가는 말

요즘음 농부가 가장 아껴야 할 말은 '풍년이라는 말'이다. 풍년이 들면 애써 키운 작물을 팔지 못하고 밭에서 그대로 갈아엎는 경우가 허다하다. 갈아엎은 농부의 마음은 어떨까? 이제 '풍년이라는 말'은 금기어다.

제5장_농작업 및 작물 가꾸기

토양을 왜 갈아야 하나?

작물을 심기 위해 땅을 가는 것을 경운(耕耘)이라고 말한다. 요즈음은 토양을 갈지 않고 바로 작물을 심는 무경운(無耕耘) 농법이 확대되고 있다. 경운농법과 무경운 농법을 비교해보면 내가 어떤 것을 선택할 것인가를 알수 있다. 한번쯤은 경운과 무경운 농법에 대해 생각해볼 필요가 있다.

경운 농법은 트랙터에 쟁기를 부착하여 토양을 깊게 간 다음 일정 시간이 지나 다시 트랙터에 로우타리를 부착시켜 토양을 잘게 부순 후 작물을 심는다. 쟁기로 토양을 갈면 토양 하부에 있는 부분이 상부로 올라오게 되고 토양 상부에 있는 부분이 토양 하부로 내려가게 되어 자연스럽게 토양은 서로 혼합된다. 이렇게 함으로서 하부 토양 부분이 햇빛에 노출되어 환원층(산소가 부족한 층)에 있던 토양 알갱이들이 산화층(산소가 풍부한 층)에 노출됨으로써 토양 양분의 용해도를 높이고 환원상태에서 우점하던 병원균들을 없앨 수 있다.

토양을 쟁기로 갈기 전에 석회고토비료, 패화석비료, 규산질비료, 광물질비료등과 토양개량제를 시비하면 토양과 혼합이 잘되어 토양 개량 효과를 높일 수 있다. 또한 광 발아성이 높은 잡초 씨앗을 토양 하부로 넣음으로써 빛을 제거하여 발아를 하지 못하게 만듬으로써 광발아성 잡초 제거에 우수한 효과가 있다.

작물을 심기 전 대부분의 농민들은 퇴비나 화학비료를 뿌린 후 트랙터로 로우타리를 쳐서 토양 알갱이를 잘게 부순다. 이렇게 함으로써 토양 표면에 있던 잡초들을 쉽게 제거할 수 있고 퇴비나 화학비료를 작물의 작토층(약 0~30cm)에 골고루 혼합할 수 있게 되어 양분 이용률을 높일 수 있다.

또한 잘게 부순 토양 사이로 공기와 물의 공급이 쉬워 작물 뿌리 뻗힘이 쉬워지는 장점이 있다. 하지만 오랫동안 대형 트랙터나 경운기와 같은 중장비를 계속적으로 사용함에 따라 트랙터 쟁기 바닥 부위에 딱딱한 층이 생기는 데 이것은 쟁기 경반층(耕盤層)이라고 한다. 경반층이 생기면 물 배수의 문제가 생기고 작물의 뿌리가 경반층 밑으로 뻗기 힘들어질 뿐 아니라 비료 염류들이 이 부분에 집중적으로 쌓임으로 인해 토양 건전성에 문제를 일으킨다. 그래서 대형 장비인 심토 파쇄기를 이용하여 이러한 경반층을 파괴하기도 하는 데 비용이 많이 들어 일반 농가에서는 거의 이용하지 않고 있다.

유기물이 부족하고 토양 단면이 깨져 있기 때문에 경운한 후 비가 오면 토양 침식(물과 함께 토양이 아래로 씻겨 내려감)이 일어난다. 토양 침식을 농가에서는 단순히 생각하는 데 침식으로 씻겨 내려가는 토양은 토양 중에서 알짜배기 금싸라기 같은 토양이기 때문에 소중히 여겨야 한다. 돈이 빗물에 씻겨 내려간다고 생각하고 적극적으로 토양 침식을 막아야 한다. 장기간에 걸쳐 토양 침식이 일어나면 그 경작지 토양은 없고 자갈만 남은 황무지로 변모될 것이 분명하기 때문이다.

이러한 경운 농법의 단점을 극복하기 위해 무경운 농법이 확대되고 있다. 무경운 농법은 땅을 갈지 않고 농사를 짓는 방법으로써 땅 표면에 전 작물의 잔여물이 그대로 남아 있어 표토층 내 유기물 함량을 높이고 하절기 집중강우에 의한 토양 침식을 최소화하고 잡초 관리에도 도움을 주면서 농경지에서 배출되는 지구온난화가스(메탄, 이산화탄소, 아질산가스등) 배출량을 감소시킨다.

또한 트랙터와 같은 중장비의 무게에 의한 토양 내 경반층 형성을 방지할 수 있고 토양을 홑알 구조보다는 떼알 구조로 형성되어 토양의 물리성을 향상시킨다. 하지만 무경운을 실시할 때에는 잡초 제거에 대한 대책을 반드시 세워야 한다. 잡초가 무성한 토양에 경운을 하지 않고 작물의 씨앗이나 모종을 심으면 잡초에 의한 피해가 너무 크기 때문에 농사가 실패할 확률이 높다.

또한 토양 개량을 위해 토양 산도를 높이기 위해서는 토양과 토양개량제를 잘 혼합하여야 하는데 이때는 부분경운이 필요하다. 배수가 불량한 토양은 두둑을 만들어서 작물을 심어야 하는 데 무경운에 의해 두둑을 하지 않으면 하절기 장마철 침수에 의한 작물 피해는 있을 수밖에 없다.

따라서 농사 경험이 거의 없는 초보 농사꾼은 관리가 쉽고 일반화 되어 있는 경운 농법을 먼저 하는 편이 좋을 듯싶다. 경운 농법은 농업 기술을 급속도록 수직 상승시킨 농기계에 의한 현대농법이 나온 후부터 개발된 것이기 때문이다. 경운 농법을 터득한 후 토양관리, 작물 영양생리, 병해충관리, 초생재배관리 등과 같은 농업 지식이 습득 된 이후에 무경운 농법에 도전해보는 것이 좋을 듯싶다.

밭 두둑은 왜 만들어야 하나?

텃밭을 만든 대부분의 사람들은 힘들게 두둑을 만든다. '왜 힘들게 두둑을 만들어야 할까?'를 고민해본 사람들이 많을 것이다. 소형 텃밭에서 두둑을 만들기 위해서는 괭이나 삽으로 흙을 잘게 부수고 부순 흙을 한 곳으로 모아 고랑을 만들고 두둑을 만든다. 대형 면적의 논밭 두둑을 만들기 위해서는 먼저 트랙터나 경운기로 땅을 깊게 갈고 흙을 부드럽게 하기 위해 로우타리 작업을 실시한 후 두둑 성형 장치를 부착한 이앙 관리기나 트랙터로 두둑을 만든다. 힘든 농사일 중에 하나다. 이렇게 힘들게 두둑을 만드는 이유는 다음과 같다.

첫째는 배수 문제를 해결하는 데 용이하다.

우리나라는 연중 집중호우가 많이 발생하는데 이때 한꺼번에 농경지로 쏟아진 물이 작물이 자라는 토양에 그대로 머문다면 작물 뿌리는 습해를 받아 뿌리 호흡을 하지 못해 줄기가 노랗게 변하다가 결국 고사하게 된다. 두둑을 높게 만들어 놓으면 고랑으로 물이 농경지 바깥으로 빠져나가고 미처 빠져 나가지 못한 물은 작물 뿌리가 없는 고랑에 있게 되어 습해에 의한 작물 뿌리 피해는 거의 받지 않는다.

두 번째는 작물 뿌리 뻗힘을 좋게 한다.

두둑을 만들기 위해서는 삽이나 괭이로 딱딱한 표토층을 파서 잘게 부순 다음 두둑을 만들기 때문에 토양 경도가 부드럽게 되고 토양 공극이 많이 생겨 배수성이 높아져 토양의 3상(고상, 액상, 기상) 분포가 양호하게 바뀌게 되어 작물의 뿌리 뻗힘이 좋아지게 된다. 작물은 딱딱한 흙에서의 뿌리내림보다는 부드러운 흙에서의 뿌리 내림이 쉽지 때문이다.

세 번째는 잡초 발생을 억제할 수 있다.

잡초 씨는 토양 표토층에 많이 있기 때문에 두둑을 만들지 않으면 잡초 씨가 그대로 발아되어 무성한 잡초에 의해 농작물 재배가 쉽게 않게 된다. 토양을 깊게 갈고 두둑을 높게 만들면 잡초 씨가 있는 토양 표토층은 아래로 가고 잡초 씨가 없는 토양 하층은 위로 올라와 잡초 발생이 억제된다. 하지만 두둑을 만든다고 잡초가 나지 않는 것은 아니고 단지 두둑을 만들지 않을 때보다 잡초 발생량이 적다는 것이다. 그만큼 농사에서 가장 힘든 것은 잡초를 없애는 제초 작업이다.

네 번째는 퇴비, 화학비료, 유기질비료, 토양개량제 등 영양물질들이 토양과 함께 혼합함에 따라 작물 이용효율을 높인다.

토양 영양물질 및 토양개량 물질은 작물 뿌리 근처에 있어야 이용효율이 높아진다. 두둑을 만들면 비료, 퇴비, 토양개량제 등과 같은 물질들이 토양과 함께 골고루 혼합된다. 토양과 함께 혼합된 물질들은 토양 내에서 여러 가지 과정을 거쳐 작물 영양흡수에 도움을 주게 된다. 일반적으로 토양에 혼합된 영양물질들은 토양에 혼합되지 않은 것보다 작물의 양분 이용효율이 높다.

이것 이외 두둑을 함으로써 얻는 이점은 작물을 심은 후 사람 발에 의해 작물 주변 토양이 밟히지 않아 토양의 물리성이 나빠지지 않고 추가적인 비료나 농약을 줄 때 농작업에 편리한 점이 있다.

그러면 두둑을 얼마 정도 높이로 하면 좋을까? 무조건 두둑을 높게 하는 것이 좋을까? 이런 의문을 품을 수 있다. 작물, 토양, 지역 특성의 성질에 따라 두둑은 달라진다.

물빠짐이 좋은 모래땅(沙土)에서는 두둑을 높게 하면 지하로 물이 쉽게 내려가기 때문에 작물의 수분 공급 문제가 발생될 수 있고 동계철에는 작물의 동해 피해가 있을 수 있어 이런 토양에는 두둑을 높게 할 필요는 없다. 이런 토양은 주로 큰 강 옆에 주로 분포하는데 아주 옛날 옛적에 강이 범람하여 제일 무거운 모래가 강가 옆에 가라 앉아 형성된 토양이다. 이런 곳에는 두둑 폭을 1m 정도 하고 높이를 10~20cm 정도하여 주로 채소 재배에 적격한 곳이다.

물빠짐이 나쁜 진흙땅(壤土)에서는 두둑을 높게 해서 배수를 원활하게 하여야 작물의 수분 피해가 없다. 이런 토양은 주로 오랫동안 경작을 통해 토양 입자크기가 적어져 진흙땅으로 변한 논토양에서 주로 발생되는 데 물빠짐이 나쁜 토양에서는 두둑 폭을 좁게 하고 두둑 높이를 높게 하여야 한다.

따라서 배수가 잘되거나 쉽게 건조해지는 토양과 지역에서는 두둑을 낮고 넓게 하고, 수분이 과다해지기 쉬운 토양이나 지역에서는 두둑을 높고 좁게 하여야 한다. 예를 들어 일반 토양에서 물빠짐이 좋아야 하는 고추는 두둑 폭 30~40cm, 높이 20~30cm 정도로 하여 두둑을 만들면 비가 내려도 두둑에 물이 거의 고이지 않고 고랑으로 물이 떨어져 수분에 의한 피해는 적어진다.

사람도 자기가 살고 있는 터전에 뿌리를 잘 내리기 위해서는 자기에게 알맞는 주변의 좋은 환경을 끌어다가 두둑처럼 높게 쌓아 올려야 한다. 그런 두둑을 쌓기 위해서는 가만히 있어서는 안되고 부지런히 몸을 움직여야 한다. 전남 강진으로 유배를 간 다산 정약용 선생도 절망하지 않고 오히려 주변의 좋은 환경을 끌어다가 수많은 저서를 남겼고 훌륭한 제자를 배출하였다.

밭두둑을 만든 후 멀칭을 하여야 하나?

농사에서 멀칭(mulching)은 토양 표면을 비닐이나 유기물(짚, 낙엽, 우드 칩, 왕겨 등)로 덮는 것을 말한다. 농사에서 멀칭은 주로 풀 씨앗의 발아를 하지 못하게 하여 풀이 나지 않게 하는 것이 주된 목적이다.

제초 목적 이외 멀칭을 함으로써 생기는 이점이 있다. 토양 내 수분을 오랫동안 유지할 수 있고 토양의 온도가 급작스럽게 떨어지거나 오르지 않도록 중재 역할을 하여 작물의 뿌리 성장과 양분흡수에 도움을 준다. 또한 빗물이 떨어질 때 흙탕물이 작물 잎에 튕겨 토양에 있던 병해충이 쉽게 지상부 작물 쪽으로 옮겨갈 수 있는 것을 예방할 수 있다.

멀칭을 하지 않은 땅은 토양 속의 물이 증발할 때 무기질 양분도 함께 증발되면서 토양의 겉 표면에는 빵 조각 겉표면처럼 딱딱해지는데 이런 현상을 토양 피막(Soil Crust) 현상이라고 한다.

토양 피막(Soil Crust) 현상이 발생하면 대기 중에 있는 공기가 토양 안으로 이동이 잘 안되고 또한 토양 안에 있는 각종 가스들이 토양 바깥으로 배출이 잘 안되어 작물 뿌리에 피해를 입힌다. 그리고 토양 겉 표면이 딱딱하기 때문에 씨앗 발아에 문제를 일으킨다. 이런 토양 피막(Soil Crust) 현상을 방지하고 토양 수분을 일정하게 유지하는데에 멀칭은 우수한 효과가 있다.

멀칭을 하는데 가장 쉬운 방법은 비닐로 멀칭하는 것이다. 두둑 형성 후 비닐을 씌워 멀칭하는데 시중에서 판매되고 있는 멀칭 비닐은 검정색 멀칭 비닐, 투명 멀칭 비닐, 검정과 투명이 혼합된 혼합멀칭 비닐이 주로 있다. 검정색 멀칭 비닐은 햇볕을 흡수하여 비닐 자체가 뜨거워지면서 흙 표면을 따뜻하게 해주고 잡초가 아예 자라지 못하게 하는 데 도움을 주고 투명 비닐은 햇볕을 약 80% 정도 투과시켜 땅 속 온도를 올리거나 건조를 막는 데 도움을 준다. 혼합 멀칭 비닐은 이 둘의 장점을 혼합된 것이다.

멀칭에 의한 효과를 예를 들어보면 양파는 가을철에 심어 겨울을 지나면서 봄철에 수확하는 동계 작물이다. 멀칭을 함으로서 평균 지온을 무멀칭에 비해 흑색 비닐 멀칭은 약 1~2℃, 투명 비닐 멀칭은 약 2~3℃ 정도 높여 양파 수확량이 무멀칭에 비해 투명 비닐 멀칭이 가장 높았고 그 다음은 흑색 비닐 멀칭 순이다. 그만큼 비닐 멀칭이라는 신규 농자재 개발품을 통해 우리는 쉽게 양파를 식탁에 올릴 수 있게 되었다.

비닐 멀칭 이외 주변에 있는 유기물로 멀칭할 수 있는 데 자연친화적이며 오랜 시간 지난 뒤 유기물 분해로 토양으로 다시 되돌아가 거름 역할을 하게 된다. 주변에서 쉽게 이용할 수 있는 유기물 재료는 짚, 옥수수대, 들깨 및 참깨때, 왕겨, 낙엽, 나뭇가지 부스러기, 풀 제초 후 남은 풀더미, 버섯폐배지 등이 있고 최소 50mm 이상이어야 효과가 있고 충분한 효과를 위해서는 약 80~100mm 두께로 덮어주는 것이 좋다.

하지만 멀칭에 의한 피해도 있다. 여름 고온철 비닐 피막에 의한 토양 내 온도 상승으로 작물 뿌리 생리 저하를 일으키기 때문에 이때에는 비닐 피막을 벗겨 주거나 군데군데 구멍을 뚫어 주어야 한다.

발효가 과정을 충분히 거치지 않은 퇴비나 생풀과 같은 유기물을 토양에 넣고 비닐 멀칭 하면 유기물이 토양 속에서 발효 과정을 거치면서 각종 가스가 나오는 데 이 가스들이 작물 뿌리에 피해를 주게 되고 작물을 심기 위해 뚫어 놓은 구멍으로 집중적으로 가스가 나와 어린 작물 잎에 피해를 준다.

마지막으로 멀칭을 하면 웃거름 비료를 줄 때 일일이 사람 손으로 작물 옆 부분에 구멍을 뚫고 비료를 손으로 집어서 주어야 하기 때문에 매우 힘든 노동이 필요하다. 이런 힘든 노동 때문에 일부 농가에서는 비가 오기 전후에 비료를 밭 전체에 뿌린다. 그러면 비료가 비닐 멀칭 위에도 있고 고랑에도 있어 비료 낭비가 심하게 되고 주변 도랑으로 비료 성분이 유출되어 환경에도 악영향을 미치게 된다.

잡초는 왜 제거해야 하나 ?

세상에는 쓸모없는 잡초는 없다고 하지만 농사에서 가장 힘든 부분은 풀 제거이다. 그만큼 풀의 생명력은 끈질기고 많은 노력을 통해 잡초를 제거하고 있다. 요즈음에는 제초제가 나와 잡초 제거를 쉽게 할 수 있지만 손으로 잡초를 제거하려면 요령이 있다. 잡초에 대한 생리를 알아보면 어떻게 제거하는 것이 가장 효과적인 것인지 알게 된다.

잡초라는 용어에는 부정적인 해석이 들어있어 잡초 용어 사용은 부적절하지만 본 책자에서는 농업적인 관점에서 목적 작물의 생육에 지장을 주는 풀을 잡초라고 하자.

잡초는 봄에 발아하여 여름동안 생장하고 가을에 결실하고 고사하는 일년생 잡초(바랭이, 명아주, 비름, 방동사니 등)와 1년 이상 생장하나 2년 이상은 생장하지 못하는 잡초로써 가을에 발아하여 이듬해 봄에 생장하고 여름에 결심하고 고사하는 이년생 잡초(냉이, 망초, 달맞이꽃, 둑새풀 등)가 있고 2년 이상 생활사를 가지고 있는 다년생 잡초(띠, 크령, 나도방동사니, 향부자, 크로버, 서양민들래, 제비꽃 등)가 있다.

종자가 발아하기 위해서는 크게 수분, 온도, 산소, 광이 필요하다. 휴면이 타파된 종자의 발아에 있어 수분조건은 가장 중요한 요인으로 발아에 필요한 수분이 충분히 공급되지 않으면 종자는 발아하지 않는다. 발아에 필요한 수분량은 화본과 잡초(피, 바랭이, 둑새풀, 강아지풀 등)의 경우 부피의 23%, 콩과잡초의 경우에는 200% 정도 필요하다.

온도는 잡초의 종류에 따라 다르며 대부분 발아적온은 약 15~30℃ 범위에 있다. 발아에 미치는 최저 한계 온도는 0~15℃ 범위이고 최고 한계 온도는 30~40℃ 정도이다. 따라서 온도에 따라 봄철과 여름철(춘하계) 잡초와 가을 및 겨울철(추동계) 잡초로 구분할 수 있다.

대부분 잡초는 산소 농도가 높은 조건에서 발아가 잘되지만 토끼풀과 같이 산소가 고갈된 물속 조건에서도 발아가 되는 잡초도 있다. 다음으로는 빛이 필요한 광발아 잡초와 빛이 필요 없는 암발아 잡초가 있다. 광발아 잡초로는 개비름, 왕바랭이, 강피, 방동사니, 소리쟁이 등이 있고 암발아 잡초로는 냉이, 별꽃, 광대나물 등이 있다.

이렇게 밭에 나는 잡초의 수만큼 잡초의 생리는 복잡하다. 그만큼 잡초의 제거는 어려움이 뒤따른다. 그렇다면 왜 그렇게 힘들게 잡초를 제거해야 할까?

그 이유는 간단하다. 잡초를 제거하지 않고서는 목적하는 작물의 수확물을 제대로 얻지 못하기 때문이다. 잡초가 많은 논밭은 목적하는 작물의 생장을 방해하고 병원균과 병해충들의 서식지가 되어 작물에게 피해를 준다. 특히 잡초가 목적 작물보다 키가 크거나 우점적으로 자랄 때에는 목적 작물에게 가야하는 햇빛이 차단되고 양분과 수분이 잡초에게 빼앗겨 작물은 제대로 자라자 못하여 잡초 제거는 농사에 있어서 필수적이라 할 수 있다.

오랫동안 농부들이 잡초를 제거해온 방법은 밭을 매는 방법이었다. 밭을 맨다는 의미는 잡초가 발아하여 막 지상으로 나올 때, 즉 잡초 뿌리가 땅 속으로 완전히 자리 잡지 못할 때 호미로 흙을 스윽 긁으면 잡초는 뿌리와 줄기가 뽑혀 더 이상 자라지 못하는 원리를 이용하였다.

이때 밭을 매는 타이밍이 중요한데 각 지역 토양의 온도, 수분, 산소, 광 조건에 따라 잡초가 발아하는 시간이 달라 밭 매는 타이밍을 놓쳐서는 안된다. 그 타이밍을 놓치면 잡초가 토양에 뿌리를 깊게 내려 잡초 제거에 더 많은 노력이 필요하다. 봄에 나오는 잡초가 있고 여름과 가을에 나는 잡초가 있어 보통 밭을 매는 횟수는 연간 5~7회 정도이며 많으면 10회 이상 된다.

농사에서 가장 힘든 작업은 잡초 제거이다. 이 세상에 쓸모없는 잡초는 없지만 생업을 하여야 하는 농부로서는 여간 힘든 작업이 아닐 수 없다. 철철이 나는 잡초를 제때에 제거하면 쉽게 제거할 수 있으나 시기를 놓치면 여간 힘든 작업이 아닐 수 없다. 잡초 제거 작업을 하다 보면 세상 이치가 여기에 다 있는 것 같다.

호미질은 왜 좋은가?

"콩밭 매는 아낙네야. 베적삼이 흠뻑 젖는다." 주병선 가수의 칠갑산 노래가사이다. 베적삼이 땀으로 흠뻑 젖도록 콩밭을 매는 풍경을 노래한 것인데 왜 이토록 힘든 노동을 감수하면서까지 호미질을 하였을까? 물론 최종 목표는 콩 수확량을 높이는데 있었다는 것에는 두말 할 필요가 없을 듯싶다. 그냥 아낙네들이 콩밭에 호미질 하는 것 같지만 여기에 과학적인 요인이 숨어있다.

토양학에서는 토양 피각(Soil Crust)이라는 용어가 있다. 토양 피각 현상은 유기물이 부족한 토양에서 자주 일어나는 데 빗물이 토양에 계속 내리면 토양 입자는 깨져 밀가루처럼 고운 입자가 생성되는데 비가 그치고 건조하게 되면 그 입자들끼리 서로 뭉쳐 토양 표면은 빵껍질(Crust) 조각처럼 딱딱한 층을 이루게 된다. 이것을 토양 피각(Soil Crust) 현상이라 부른다.

토양 피각이 발생되면 대기 중에 있는 공기가 작물 뿌리가 있는 토양 속으로 침투하기 어렵고, 또한 작물 뿌리 주변 토양에서 내뿜어지는 각종 토양가스들이 토양 바깥으로 배출되기 어렵다. 호미질은 이런 토양 피각을 파괴함으로써 대기와 토양간의 공기와 가스 교환을 순조롭게 해준다.

잡초 씨앗은 발아에 필요한 환경 조건이 맞으면 금방 싹을 틔우고 뿌리를 내린다. 잡초를 가장 쉽게 방제할 수 있는 방법은 잡초 씨앗이 발아하여 뿌리가 완전히 발달되지 못한 시기에 호미질로 쓱쓱 토양 표면을 긁어 제거하는 방법이다.

잡초는 씨앗에 있는 영양분을 모두 소모하고 뿌리로부터 외부 영양분을 흡수할 시기쯤에는 어느 정도 뿌리가 성장해 있다. 이 이후에 잡초를 제거하기 위해서는 땅 속 뿌리까지 모두 제거하여야한다. 그래서 잡초 씨앗이 뿌리를 완전히 내리기 전에 호미질을 하여 주면 쉽게 잡초를 제거할 수 있다.

그림 19. 호미질은 토양 및 작물에 유익한 결과를 주는 농작업이다

호미질은 작물의 뿌리 주변으로 주변 토양을 옮겨줌으로써 북치기 효과가 있고 영양분을 작물뿌리 주변으로 옮겨주는 역할을 한다. 즉 호미질을 작물 뿌리 쪽으로 둥그렇게 해줌으로서 배수효과와 영양분 공급 효과를 동시에 가능하게 한다. 또한 배수가 잘 안되는 곳은 호미질로 배수를 잘 되게 만들어 줌으로 해서 작물이 잘 자라게 된다

호미질을 자주 하는 집의 작물은 건강하고 잘 자란다는 것을 뒤늦게 알았다. 거기에는 과학이 숨어 있었고 아낙네들의 고단함이 있었다. 남정네들은 호미질을 오랫동안 할 수 없다. 아마 신체 구조와 끈기 부족 때문이 아닐까 싶다.

밭을 매는 아낙네들의 수고로움은 이루 말할 수 없을 정도로 고단하지만 하루 종일 땡볕에서 흙에 살 붙이고 엉덩이를 끌면서 빠른 손놀림을 하며 앞으로 나가는 이런 분들을 우리는 한 분야의 전문가로 존중해주어야 한다.

풀을 뽑지 않고 농사 짓는 방법은 없는가?

풀을 귀찮은 존재로 여기지 않고 풀과 함께 농작물을 재배하는 일부 농민들이 있다. 필자도 일반 농가처럼 풀을 완전 뽑거나 제초제로 풀을 모두 죽이지 않고 풀과 함께 농작물을 병행하여 주로 농사를 지었는데 대부분 농작물의 수확량은 적었다.

물론 여러 해를 거듭하여 풀과 병행하는 농작물 재배 표준을 설정할 수 있을 정도로 많은 경험과 실험이 필요하겠지만 풀은 필요 이상 많으면 농작물의 생육에 지장을 초래하는 것은 사실이다. 하지만 농작물을 전문적으로 판매하기보다는 자가 소비용으로 재배한다면 풀과 병행하는 농법을 추천하고 싶다. 왜냐하면 농작물 판매를 통해 생계비를 충당하려면 구매자의 품질규격과 수확량에 초점을 맞춘 농작물을 재배하여야 하는 데 자기 소비용 농작물은 안전성에 초점이 맞춰져 있기 때문에 품질과 수확량이 약간 줄어도 큰 문제가 없다.

풀과 함께 농사를 지으려면 농작물이 풀에 치여서는 안된다. 즉 농작물을 풀보다 항상 키를 키워서 재배하여야 한다. 풀이 농작물보다 키가 커면 농작물은 햇빛에 의한 광합성 합성에 장애를 받는다. 또한 수분 및 양분 경쟁에서도 풀보다 우위에 있지 않게 된다.

농작물을 풀보다 키를 더 크게 키우기 위해서는 농작물 주변 풀을 베어주고 베어낸 풀을 농작물 뿌리 주위에 덮어주면 된다.

농작물 뿌리 주위에 풀로 두껍게 멀칭하면 뿌리 주위에는 풀이 잘 자라지 않고 지온과 수분을 유지시켜 주는 효과가 있다. 또한 유기물을 토양에 지속적으로 공급해주는 효과도 있다. 따라서 풀과 병행하여 농사를 지으려면 자주 풀을 베어내어서 베어낸 풀을 작물 뿌리 주변에 덮어주어야 한다.

풀을 뽑지 않고 농사짓는 방법이 있으면 얼마나 좋을까? 작물 수확으로 생업을 하여야 하는 농민들한테는 위험하겠지만 자가 소비하는 사람들한테는 권장해볼만 하다. 작물 재배 목적이 수확량이 아니고 품질이기 때문이다.

바닷물로 농사짓기

여수는 삼면이 바다로 둘러쌓여 있고 360여 개나 되는 섬이 옹기종기 모여 있다. 돌산갓 김치와 고들빼기 김치가 유명한 이유는 여러 가지 요인들이 있겠지만 농업적인 측면에서 볼 때에는 여수 바다도 한 몫을 하고 있다.

바닷물에는 염화나트륨 이외 어떤 종류의 미네랄 성분이 들어 있을까? 일반적으로 바닷물 1,000g에는 순수한 물 965g(96.5%)과 용존 물질 35g(3.5%)으로 구성되어 있다.

용존 물질 중에서 염화나트륨이 약 27.1g(77.4%), 염화마그네슘이 3.8g(10.8%), 황산마그네슘이 1.7g(4.9%), 황산칼슘이 1.3g(3.7%), 황산칼륨이 0.9g(2.6%), 기타 0.2g(0.6%) 정도 들어있다. 즉 염소, 나트륨, 마그네슘, 칼슘, 황 성분이 99% 이상 들어있다. 하지만 바닷물의 기타 성분 안에는 희토류 원소를 포함한 70~90여 종류의 미네랄 성분들이 극소량으로 들어 있고 그 성분들이 작물 성장에 지대한 영향을 끼쳐 전 세계 유기농업 농가들에 의해 오랫동안 작물 재배에 바닷물을 이용해왔다.

바닷물을 작물에 이용하는 방법은 간단하다. 바닷물을 용기에 퍼 담아와서 일반 물에 희석하여 사용하면 된다. 이때 주의할 점은 작물마다 물의 희석배수가 다르다는 것이다. 바닷물을 일반 물로 희석할 때 너무 적게 희석하면 작물이 염분 피해를 입을 수 있고, 너무 많이 희석하면 바닷물 사용 효과가 없을 가능성이 있다. 그러므로 작물별로 희석배수를 잘 맞추어 사용하여야 한다. 또한 바닷물 시용 효과를 더욱더 증가시키기 위해 바닷물에 휴믹산, 풀빅산, 또는 아미노산을 첨가하면 그 효과가 증대된다.

농촌진흥청에서는 2011년도에 "친환경농산물 생산을 위한 바닷물의 농업적 활용 매뉴얼" 책자를 제작하여 농가에 배부하면서 각 작물별로 바닷물과 일반 물과의 적정 희석 배수를 책정하였고 각 작물별 시험 결과를 발표하였다.

예를 들어 오이와 포도는 100배, 딸기는 40배, 열무, 상추, 콩, 벼는 20배, 참외, 수박, 멜론, 파프리카, 잎들깨, 배추, 옥수수, 가지는 10배, 토마토는 7배, 감자는 5배, 마늘, 양파, 고구마, 감귤은 2배 이상 희석하여 토양 관주보다는 엽면 시비할 것을 권장하였다.

주요 시용 효과는 작물의 수확량이 증가하였고 과실의 당도가 올라갔으며, 특정 기능성 성분 함량이 높아져 기능성 작물 생산이 가능하였으며 흰가루병, 노균병, 파밤나방 등과 같은 병해충이 줄어드는 효과가 있었다.

하지만 아무리 바닷물이 작물 생장에 유용한 자원임에도 불구하고 바닷물 희석 농도를 지키지 않거나 염류 집적이 심한 토양에서 자라는 시설하우스 내 작물에 적용하는 것은 바람직하지 않고 작물의 유묘기나 개화기 때에는 가급적 뿌리지 않아야 한다. 또한 소금물의 염해에 민감한 작물에는 뿌리지 않는 것이 좋다.

가정에서 키우는 화훼류나 관상수는 빨리 키우는 것이 목적이 아니고 안정적인 수명 유지가 목적이기 때문에 바닷물과 일반 물의 희석 배수를 최소 100배 이상하여야 한다. 또한 수돗물을 사용할 때에는 염소 성분이 많기 때문에 수돗물을 큰 용기에 약 3~4일 정도 받아놓은 후 사용하면 좋다.

바다는 지구상에 존재하는 미네랄 원소들을 보관하는 창고 역할을 한다. 여수지역은 천연적으로 해풍이나 강한 빗물에 의해 바닷물을 해안가 토양에 오랫동안 뿌려 주어 여수지역 토양이 타 지역보다 미네랄 성분이 풍부하다. 그래서 돌산갓김치나 고들빼기김치가 맛있는 이유가 여기에 있다. 늦었지만 이제라도 여수지역에서 바닷물 연구가 필요하다.

예를 들어 돌산갓 내 항암 성분인 시니그린 성분 함량이 높아지는 바닷물 희석배수와 최적 엽면 시기 설정, 바닷물과 함께 들어가는 부자재 개발 등과 같은 연구를 진행하면 좋은 결과가 나올 것으로 기대된다.

먹을 것 많은 토양에서 꽃도 많이 핀다

토양의 산도는 토양 중에 있는 활성 수소이온(H^+) 농도를 측정하여 pH 7.0을 중성으로 하여 이보다 낮으면 산성 토양, 높으면 알카리성 토양이라고 한다. 산성 토양이라고 해서 환경오염과 독성이 심한 죽은 토양이 아니고 염기성 이온인 칼슘이온(Ca++)과 마그네슘이온(Mg++) 양보다 상대적으로 수소이온(H+) 양이 많은 토양을 말한다.

대부분의 작물은 산성에서 잘 자라지 않고 중성 토양 부근에서 잘 자라 토양 중 양분의 유효도를 함께 고려하여 pH 6.0~ 6.5 부근이 되도록 토양관리를 하는 것이 좋다.

산성 토양에 잘 자라는 식물이 있다. 대표적인 것이 소나무(pH 5.0~5.5)와 진달래(pH 4.5~5.0)이다. 토양 pH가 중성 정도로 올라가면 소나무와 진달래는 생육 피해를 입고 그 자리에 활엽수가 자란다. 우리나라 전 국토가 소나무와 진달래가 많은 이유는 우리나라 산림지 토양의 산도가 대부분 산성 토양을 띄고 있기 때문이다.

필자가 지금으로부터 10년 전 2009년도에 전남 여수시 영취산 진달래 군락지 토양과 식물체를 분석하여 무기양분이 진달래 생육과 꽃 개화에 미치는 영향을 연구한 적이 있다. 그때 당시 진달래나무 생육과 꽃 상태가 양호한 GS칼텍스 쪽 정상 부근과 진달래나무 생육과 꽃 상태가 좋지 않은 봉우재 부근을 각각 비교하여 분석하였는데 양쪽 다 토양 pH는 4.2~4.3 정도로 유사하였지만 GS칼텍스 쪽 정상 부근이 봉우재보다 토양 양분 함량이 대체적으로 높았고 꽃잎 내 양분 함량도 높아 무기 양분 함량이 높을수록 진달래나무 생육과 꽃 개화 상태가 양호하다는 결론을 내린 적 있다.

결국 먹을 것이 많은 토양에서 꽃도 많이 핀다는 뻔한 이치였다. 전국 3대 진달래 군락지 중에 하나인 영취산은 매년 3월말에서 4월초에 진달래가 만개하여 산 전체가 분홍빛으로 물든다. 이런 장관을 오랫동안 유지하기 위해서는 진달래 생육에 적합한 토양관리와 양분관리가 필요하다.

해마다 변화하는 기후 환경과 여천공단 주변 환경에 대응하기 위해서는 꽃도 사람 돌보 듯 돌보아야 한다. 가장 간단한 방법으로는 토양개량과 무기양분 공급을 위해 토양개량제와 화학비료를 꽃 주변 토양에 뿌려주면 된다. 축제의 주인공인 진달래나무를 어떻게 관리할 것인지에 대해 토양비료 전문가에게 자문을 구해 보는 것도 좋다.

그림 19. 양분이 많이 있는 토양에서 진달래 꽃이 많이 핀다

돌산갓 산업화는 고품질 돌산갓 재배로부터 시작되어야

돌산갓김치는 독특한 향과 맛 때문에 여수지역 대표 음식물 중 으뜸이라 할 수 있을 정도로 인기가 많다. 독특한 알싸한 매운맛에 돌산갓김치 애호가가 생길 정도로 돌산갓김치는 이제 여수를 벗어나 전국적인 대표 음식으로 자리매김하고 있다.

여수시에서는 돌산갓김치뿐만 아니라 돌산갓 종자개발, 돌산갓 물김치, 돌산갓 파이, 돌산갓 장아찌, 돌산갓 쌈채 등을 개발하여 돌산갓에 대한 산업화를 적극적으로 지원하고 있다. 하지만 아무리 가공 기술이 뛰어나더라도 원재료인 작물의 품질이 좋지 않으면 최종 제품의 품질도 떨어지게 마련이다. 달리 말하면 돌산갓김치 품질은 양념류나 가공 기술 이전에 농민들이 밭에서 돌산갓을 어떻게 길러내느냐에 성패가 달려있다고 할 수 있다. 따라서 돌산갓 산업화의 시작은 고품질 돌산갓 재배에서 시작되어야 하고 그 근본은 토양관리와 재배방법에 달려있다.

필자가 고품질 돌산갓 생산을 위해 10여 년 전 여수시 돌산지역 토양을 도로변, 해안지대, 산지, 평야지 밭에서 채취하여 분석한 결과 각 지역별 토양 성분 분석 값이 너무 다르게 나왔다. 예를 들어 산지의 토양 pH는 약 4.8 정도이었지만 평야지 토양 pH는 7.7 정도이어서 편차가 심하였고, 토양내 칼슘이온이나 마그네슘이온 함량도 서로 달랐다.

갓(Brassica juncea Czerniak et Coss)은 십자화과에 속하는 경엽 채소류로 중앙아시아 지역이 원산지이며 유기물이 풍부하고 토심이 깊으며 토양 산도가 6.0~6.8 정도에서 잘 자란다. 따라서 pH가 낮은 산지토양은 석회질비료를 시비하여야 하고 pH가 높은 평야지 토양은 더 이상 석회질 비료를 시비하여서는 안 된다.

돌산갓김치 제조업체를 대상으로 한 조사에서 돌산갓 생체 문제에 대해서 공통으로 인식하고 있는 내용은 다음과 같다.

"첫째는 옛날 맛이 나지 않는다. 둘째는 저장 기간이 짧다. 셋째는 수분이 너무 많다." 이었다. 이런 갓을 농민들은 물갓이라고 하였다. 또한 희망하는 돌산갓 생체 품질 관리 목표를 물었더니 "독특한 향이 있고 키가 짧으면서 줄기는 두껍게"라고 대답하였다. 그렇다면 지금의 돌산갓 재배에 대한 문제를 해결할 수 있는 방법은 없을까? 문제해결은 간단하다. 농민들이 수십 년 동안 답습하고 있는 토양관리와 재배방법을 달리하는데 있다.

돌산갓이 옛날 맛이 나지 않고 저장 기간이 짧고 수분이 너무 많은 것은 하늘과 관련 있다. 즉 충분한 햇빛을 받지 못하여 제대로 크지 못하고 너무 웃자라기 때문이다. 여기에 더 빨리 키우기 위해 스프링쿨러로 물을 급수하고 요소비료를 살포함으로써 돌산갓은 급속도로 연약하게 자란다. 또한 돌산갓 씨앗을 밭에 직접 파종함으로써 모가 빽빽하게 나고 아무리 잘 솎아낸다 하더라도 갓은 밭에서 빽빽하게 자란다. 햇빛을 충분히 받지 못한 갓은 연약하게 자라기 때문에 병해충 피해도 많을 수밖에 없는 것이다.

필자는 이러한 문제점을 해결하기 위해 씨앗 파종을 밭에 직접하지 않고 돌산갓 씨앗을 상토가 충진된 포트에 넣고 20여 일 동안 비닐하우스에서 키운 뒤 밭에서 배추 심듯이 일정 간격으로 심었다. 또한 칼슘, 마그네슘, 유황 및 미량요소가 들어 있는 토양 영양제를 돌산갓 심기 전에 밭토양에 넣어주고 깊게 갈아주어 돌산갓 품질을 좋게 하였다. 그 결과 놀랍게도 돌산갓은 방해요소 없이 햇빛을 충분히 받아 뿌리는 배추 뿌리처럼 곧게 내려갔고 잎은 배추잎처럼 넓게 자라게 되었다. "독특한 향이 있고 키가 짧으면서 줄기는 두껍게"라는 품질 목표가 단번에 해결되었다.

돌산갓 재배방법 이외 토양 영양 성분으로 돌산갓 품질을 올릴 수 있는 방안은 다음과 같다.

돌산갓에는 시니그린(sinigrin)이라는 성분이 있다. 돌산갓김치를 먹을 때 입안에서 톡쏘는 매운맛을 내는 성분이다. 이 시니그린(sinigrin) 성분 안에는 유황 성분이 두 분자나 들어 있어 유황 성분이 적으면 독특한 향도 적어진다. 갓이 물러지는 현상은 식물 세포벽과 관련 있다.

칼슘은 식물 세포벽 구성 성분으로 식물체의 골격을 형성하는 역할을 하여 돌산갓 생체에 칼슘성분이 부족하면 쉽게 세포가 파괴되어 돌산갓 안에 있던 수분이 바깥으로 빠져나오게 된다.

마그네슘은 식물의 광합성과 관련 있는 엽록소 구성 성분으로 마그네슘이 부족하면 충분한 광합성을 하지 못하게 되어 돌산갓의 품질이 떨어지게 된다. 특히 돌산갓은 엽채이기 때문에 마그네슘을 충분히 공급해주어야 한다.

붕소는 배추, 무, 브로콜리, 겨자, 갓, 청경채 등과 같은 십자화과 작물에는 부족하기 쉬운 성분으로 만약 부족시 줄기의 생장점이 붕괴되고 유관속이 파괴되며 뿌리의 생장이 극도로 나빠지고 갈변한다. 하지만 붕소는 미량으로 필요하기 때문에 많이 시용하면 안 된다.

이런 성분 이외에도 많은 종류의 영양소를 골고루 뿌려주어야 한다. 어떤 성분이 좋다고 하여 과잉으로 뿌리면 문제가 발생된다. 또한 현재의 질소, 인산, 칼리 3요소 비료 시비에서 탈피하고 토양 검증을 통한 부족한 영양소를 보충해주고 남아도는 영양소는 적게 주어 토양 내 영양소의 균형을 잘 유지해주어야 고품질 돌산갓 생산이 가능하다.

작물에 병해충이 찾아들면 작물은 어떻게 스스로 대처할까?

사람도 살다보면 질병이 오듯이 작물도 마찬가지로 생육 중에 병이 찾아온다. 작물에 해충이 찾아들면 작물은 그 자리를 피해서 다른 곳으로 움직이지 못하기 때문에 자체 생존을 위해 복잡한 화학적 의사소통 시스템이 작동한다. 해충이 잎을 갉아먹으면 해충이 싫어하는 화학물질을 분비하고 화학물질을 공중에 분사하여 인근 작물에게 해충 공격을 알리고 천적들에게 해충 출현을 알린다. 작물에게는 생존권이 걸려있기 때문에 전쟁 준비를 스스로 하여 방어책을 강구함은 당연한 이치이다.

파이토알렉신(Phytoalexin)이라는 천연 항생제가 있다. 작물이 해충이나 병원균에 의해 공격을 받을 때 침략자들을 격퇴시키고 자신을 보호할 수 있는 화학물질을 만들어내는데, 이 물질을 총칭해서 '파이토알렉신'이라고 한다.

해충이 작물체를 갉아먹거나, 즙액을 빨아먹을 때, 혹은 병원균이 작물의 세포벽에 달라붙어 작물세포에 가해를 하면 작물은 작물체 체관을 통해 비상 신호물질을 온 세포에 흘려보낸다. 그러면 작물은 상처부위에 단백질 분해효소 억제 물질을 유도해 세포벽에 딱딱한 리그닌(Lignin) 물질을 층층이 쌓아 외부 적이 침입하지 못하도록 성벽을 쌓아 올린다. 그리고는 항생제인 파이토알렉신(Phytoalexin)을 분비하여 상처 부위를 아물게 한다. 마늘의 알리신(Allicin)과 감자의 솔라닌(Solanin), 포도와 땅콩의 레스베라트롤(Resveratrol) 등이 대표적인 파이토알렉신(Phytoalexin) 물질이다.

이런 일부 파이토알렉신성분이 사람에게도 항암 치료 효과가 있음을 근래 과학자들에 의해 밝혀지고 있다. 또한 상처부위에서 휘발성 화학물질인 테르펜(Terpene)이나 세키테르펜(Sequiterpene)을 분비하여 해충의 공격을 막는 데 우리가 잘 알고 있는 숲속의 피톤치드(Phytoncide)에는 이런 물질이 들어 있다.

작물은 지상에서만 방어막을 치는 것이 아니고 지하에서도 적극적으로 외부 병해충을 막는 데 온 힘을 쏟고 있다. 작물의 잎에 해충 공격을 받으면 잎에서 발생한 해충 공격 신호가 뿌리까지 전달되고 뿌리 주변으로 해충을 물리칠 수 있는 유익 미생물을 끌어 들인다. 유익 미생물은 '살리실산' 같은 화학물질을 분비하고 그 물질을 다시 작물체 전체로 이동시켜 해충 공격을 막는다.

또한 토양 속에 있는 뿌리 공생 곰팡이인 균근(Mycorrhizae)을 통해 정상 작물에게 해충 공격을 알려주는 데 정상작물은 이에 대응하기 위한 방편으로 천적을 부르는 화학물질을 분비하여 자신을 보호한다. 따라서 작물은 외부 병해충이 침입하면 적극적으로 자기 방어를 하며 주변 정상 작물에게 병해충 침입을 알려 방비하게 하며 천적을 불러들일 수 있는 화학물질을 분비하여 외부 힘도 빌린다. 이런 현상을 지켜보면 사람 사는 세상이나 작물 사는 세상이 별반 다르지 않다는 것을 알 수 있다.

자연물을 이용한 병충해 방제

화학농약을 사용하지 않고 천연물질을 이용한 천연농약을 사용하여 농사를 짓는 사람들이 늘어나고 있다. 천연물질을 이용한 천연농약은 자연의 원리를 이용한 것이다. 식물 중에 유독 병해충에 강한 식물이 있다. 또한 독성이 강한 식물이 있다. 이런 식물들을 이용하여 천연농약을 제조하여 사용한다.

우리 주변에 유독 병해충에 잘 걸리지 않는 식물을 찾아보면 은행나무 잎, 녹차 잎, 코스모스 잎, 할미꽃 뿌리, 산초나무 잎, 제피나무 잎, 봉숭아, 쇠비름, 박하, 방아, 매운 고추, 담배 잎, 마늘, 생강, 고사리 등이 있다. 대부분이 향이 있는 방향식물이거나 병해충이 싫어하는 특정 성분이 있는 병해충 기피 식물로서 자연에서 오랜 동안 병충해로부터 자신을 보호하기 위해 스스로 진화되어 왔다고 볼 수 있다.

이런 식물들의 유효 성분을 추출하여 물과 희석하여 작물에 뿌려주면 된다. 추출방법은 생즙을 갈아 내는 법, 식초나 알코올에 우려내는 법, 삶아서 우려내는 법이 있다.

예를 들어 보면 추출법으로 주로 많이 사용하고 있는 방법은 은행잎이나 녹차 잎을 믹서기에 미세하게 간 후 망에다 넣고 액만 걸러낸 후 물에 희석하여 사용한다. 마늘, 매운고추, 생강은 믹서기 간 후 사용해도 좋고 식초나 알코올에 약 1개월 이상 담근 후 액을 물과 함께 희석하여 뿌리면 된다.

일반적으로 가장 편한 방법은 각종 식물을 물에 넣고 푹 끓인 후 식혀서 물에 희석하여 사용한다. 천연물질 농약을 이대로 뿌리면 작물 잎에 잘 달라붙지 않고 금방 말라버리거나 아래로 흘러내려 약효 효과가 제대로 발휘하지 못하는 경우가 있다. 이럴 때에는 식용유나 설탕으로 절인 매실 당절임(액기스)액을 조금 첨가하면 좋다.

뿌려주는 주기는 3~5일 간격으로 실시하는데 천연물 농약은 화학농약보다 살충 및 살균력이 떨어지기 때문에 병해충에 대한 살충 및 살균의 목적이라기보다는 예방 효과로 생각하고 자주 뿌려주는 것이 좋다. 특히 병이 많이 발생되는 시기에는 병충해 예방뿐만 아니라 작물의 미량요소 양분을 공급해준다는 생각으로 자주 뿌려주는 것이 좋다. 하지만 천연물질 내 유효성분이 병해충의 살충, 살균 효과를 내는 성분도 있다.

제충국은 벌레를 죽이는 국화라는 의미로 천연 살충 식물로 알려져 왔다. 대표적인 살충 성분은 피레쓰로이드(pyrethrioid)의 화학구조를 가진 피레트린(pyrethrins)이다. 피레트린은 온혈동물인 사람이나 가축에는 해가 없으나 냉혈동물인 곤충과 어류의 신경 신호 전달을 억제하는 신경독으로 작용한다.

즉 곤충의 기문, 피부 등으로 유입하자마자 신경을 마비시켜 죽게 한다. DDT와 BHC 등 잔류독성이 강한 유기염소계 화학살충제의 사용이 금지된 이후 최근까지 사용되고 있는 살충제는 피레트린 살충성분을 화학적으로 합성한 피레스로이드계 합성살충제이다.

고삼(Sophora flavescens Ait.)은 콩과 여러해살이풀로 기능성 물질은 알칼로이드류의 마트린(matrin)과 옥시마트린(oxymatrie) 등이 알려져 있다. 이 성분은 주로 중추 신경계통에 작용하는 데 호흡 및 근육 운동신경 말초 부분을 마비시키는 작용이 있다고 알려져 있다. 주로 진딧물, 노린재, 응애 , 파밤나방 방재에 효과가 있다.

때죽나무(Styrax japonicus)는 우리나라에서 많이 자생하며 이 열매를 빻아 물에 풀면 물고기가 아가미로 제대로 호흡을 하지 못해 일시적으로 기절되어 물위로 떠오르게 되는 데 그 주된 성분이 에고사포닌(egosapo-nin)과 유게놀(eugenol)이다. 이런 성분들이 진딧물, 나방류 등 살충효과가 있다고 알려져 있다.

데리스(Derris)는 인도네시아, 말레이시아, 방글라데시, 미얀마 등 동남아시아에 자생하는 콩과의 덩굴성 식물이다. 데리스 뿌리에는 살충 성분인 로테논(rotenone)이 함유되어 있는데 곤충의 소화기관, 기문, 체표면을 통하여 살충효과를 나타낸다.

인도, 네팔, 미얀마 등에서 재배되는 님 오일(Neem Oil)은 아자디라크틴(azadirachtin)이라는 성분이 해충 방제에 탁월한 효과가 있는데 곤충의 탈피과정을 방해하고 정상 교미 활동을 방해하여 번식을 억제한다.

이런 식물체를 이용한 천연농약 효과를 증대시키기 위해서 산도가 낮은 식초나 목초액에 혼합하여 사용하면 좋다. 식초나 목초액은 pH가 약 3~4 정도이며 체구가 적은 해충이나 병균에게는 치명적인 산도 장애를 일으켜 병해충을 방제할 수 있다. 특히 목초액은 목초액 특유의 강한 냄새 때문에 병해충 기피 효과가 많아 목초액을 뿌린 농경지로는 해충들이 많이 달려들지 않는다.

뿌려주는 시간은 기온이 높아 천연 농약액이 바로 마르지 않은 시간이 좋다. 즉 기온이 낮고 습도가 높은 시간대가 좋은 데 아침, 저녁 때가 좋고 습도가 높은 흐린 날이 좋다. 천연 농약액이 작물 잎에 있지 않고 바로 증발해버리면 병해충 방제 효과는 떨어지기 때문에 뿌리는 시기를 감안하여야 한다.

나는 왜 화분에 있는 식물을 다 죽일까?

국민의 의식 수준과 국민 총생산 GDP가 올라갈수록 화훼 소비는 늘어난다. 늘어난 화훼 소비만큼 가정에서 죽어나가는 식물도 그만큼 많다. 왜 우리 집에 오면 식물이 죽어나갈까? 이런 고민을 한번쯤은 하였을 것이다. 식물이 잘 자라지 않은 이유에 대해 다음과 같이 알아보자.

첫째는 토양 문제이다.

꽃집에서 화분을 구매하여 집으로 가져오면 화분에 담겨있는 토양을 유심히 쳐다보면 그 원인을 알 수 있다. 식물은 분재로 키우지 않는 이상 줄기, 가지, 잎과 같은 지상부 식물이 자라는 양만큼 지하부, 즉 토양 안에도 그만큼 정도의 뿌리 양이 자라는 것이 가장 알맞다. 전문용어로는 T/R율이라 하는데 지상부의 T는 식물의 지상부 Tree 또는 Top을 의미하며 R은 식물의 지하부 Root를 말한다.

이상적인 비율은 지상부 중량과 지하부 중량이 동일한 1 정도이다. 즉 줄기, 가지, 잎, 꽃이 자라는 만큼 뿌리도 그만큼 자라야 하는 데 보통 꽃집에서 가져온 화분은 농가가 출하 시기에 맞추어 화분의 크기와 꽃의 크기를 조절하여 내보낸다.

꽃의 크기보다 화분의 크기가 크면 그만큼 비용이 상승된다. 화분 구매 가격도 상승하고, 화분 안에 들어가는 상토도 많이 들어가야 하고 비료와 물도 많이 소모되며 출하 시 화분 부피가 큼으로서 출하 비용도 많이 소요된다. 그래서 농가들은 비용을 최대한 줄이기 위해 출하 시기에 꽃이 자라는데 큰 문제가 없을 정도 크기의 화분을 사용한다. 그래서 집에서 일정 기간 꽃을 키운 후에는 더 큰 화분으로 화분갈이를 반드시 해 주어야 한다.

꽃도 사람처럼 뿌리라는 다리를 쭉 펼 수 있어야 잘 자란다. 사람의 다리처럼 뿌리도 아주 천천히 느린 걸음을 걷는 운동을 해주어야 지상부 잎, 줄기, 꽃이 잘 자란다. 사람의 집 평수 넓히기도 중요하지만 식물도 집 평수 넓히기가 중요하다. 내 집 평수는 못 넓히더라도 내가 가꾸는 새끼들 집 평수는 넓혀주자.

꽃집에서 사온 화분에 들어있는 토양은 대부분 상토회사에서 코코피트(코코넛 열매 껍질), 피트모스(한랭늪지대에서 오랫동안 퇴적된 물이끼류), 펄라이트(진주암을 고온에서 팽창시킨 가벼운 하얀 돌) 등을 사용하여 제조된 원예용 상토이다.

원예용 상토의 품질 관리는 작물 씨앗을 발아시켜 모종을 키우는 시간까지이다. 그 모종 단계 이후는 상토 회사의 의무에서 벗어나기 때문에 토양의 물리성(배수, 공극 등)과 화학성(비료양분, pH 등)을 더 이상 신경 쓰지 않는다. 그래서 일정 시간이 지난 상토는 신규 상토로 교체가 필요하다. 밥상을 바꾸어 주어야 한다는 말이다.

집안에 나무를 키울 경우에는 원예용 상토만으로는 나무 성장에 한계가 있다. 왜냐하면 원예용 상토에는 약 80% 이상이 유기물로 구성되어 있고 일반 흙과 같은 무기물이 적다. 유기물이 많으면 뿌리 지탱의 문제가 있기 때문에 이럴 때에는 원예용 상토 50%, 무기물 50% 정도로 하여 혼합 사용하는 것이 좋다. 무기물로는 제올라이트, 마사토, 부엽토, 규조토 등을 혼합하면 된다.

둘째는 양분의 문제이다.

대부분의 사람들은 물만 주면 화초는 잘 크는 줄로 알고 있다. 화초도 비료라는 밥을 주어야 한다. 비료의 종류는 굉장히 많지만 가정에서는 퇴비나 유박비료보다는 토양 내 발효과정을 거칠 필요 없는 화학비료가 더 좋다. 그 이유는 깨끗하기 때문이다.

뿌리를 내린 식물은 식물이 자라는 데 최소 필요한 양분이 있는데 그 양분이 부족하게 되면 식물은 양분장애 반응현상을 보인다. 잎이 노랗게 변하거나 군데군데 반점이 보인다. 식물이 배가 고파 굶어서 나타나는 현상들이다. 화초에게도 양분을 공급해 주어야 하는데 가장 편한 비료가 코팅비료이다.

코팅비료는 화학비료 표면에 고분자수지로 코팅하여 제조된 비료를 말한다. 고분자수지로 코팅되어 있기 때문에 비료 양분이 천천히 녹아 나온다. 보통 가정 화훼용은 6개월 이상 비료가 바깥으로 서서히 용출되어 비료 양분공급 효과가 지속적으로 유지된다.

코팅비료를 제조사가 표기한 양만큼 화분 토양 위에 뿌려주고 토양을 다시 덮어주면 된다. 또한 물 스프레이 통에 코팅비료를 넣고 그 물을 화초 잎에 뿌려준다. 그러면 화초 잎에 비료 양분을 엽면으로 공급하는 엽면시비가 된다.

이런 코팅비료는 다량원소인 질소, 인산, 칼리, 칼슘, 마그네슘, 유황뿐만 아니라 붕소, 아연, 철 등과 같은 미량원소가 모두 들어 있는 가정원예 전용 코팅비료를 사용하여야 한다.

셋째는 물 문제이다.

물을 너무 많이 주거나 적게 주는 경우이다. 화분에 물을 많이 주면 토양 안에 있는 공기가 있는 공극이 모두 물로 채워져서 뿌리가 호흡을 하지 못해 익사하여 죽는다. 또한 물을 너무 안주면 화초는 목말라 죽는다.

토양을 고상 50%, 액상 25%, 기상 25% 정도 관리한다고 생각하고 물 관리를 하면 된다. 물을 소량으로 자주 주는 것보다 한꺼번에 뿌리 전체를 푹 적실 수 있도록 화분 밑바닥에 물이 새어나올 정도로 주는 것이 좋다. 비가 온 후 하루 정도 지난 땅의 축축이 젖은 상태를 생각하면 된다.

바깥 식물을 보면 이해가 갈 것이다. 식물이 목이 마를 쯤에는 하늘에서 비가 와서 땅을 적시고 식물의 줄기와 뿌리를 적신다. 이런 주기가 잘 맞는 지역이 식물이 잘 자라고 농사가 잘 되는 지역이다.

건조한 지역은 이런 주기가 맞지 않아 식물이 잘 자라지 않는다. 이 개념을 생각하면 쉽게 이해할 것이다. 다만 실내에서는 외부 기온보다 온도가 높고 작은 화분 용기에 담겨져 있어 물의 증발 속도가 빨라 외부 비가 오는 횟수보다 더 자주 물을 주어야 한다.

비 오는 날 화분을 바깥에 내어 놓으면 화초가 잘 자라는 것은 화초를 깨끗하게 목욕시켜 오염물을 제거시키고 뿌리와 토양을 푹 적셔 충분한 토양 수분을 확보하기 때문이다. 화초도 정기적인 목욕이 필요하다. 사람도 몸을 깨끗이 하여야 건강하듯이 식물도 깨끗하여야 한다.

물을 소량으로 자주 주면 토양 내 물이 지나가는 통로가 있는데 큰 통로로만 물이 가고 작은 통로에는 물이 가지 않는다. 물이 가지 않은 쪽은 뿌리가 목말라 피해를 본다. 또한 물을 소량으로 자주 주면 항상 젖어 있는 부분만 젖게 되는데 그 부분만 반복하여 다시 젖기 때문에 뿌리는 공기가 없어 숨 막혀 죽어나간다.

물 자체에도 문제가 있다. 수돗물을 계속 주면 토양 내 염소 성분이 많아져 토양 안에는 염소 살균제가 가득 채워지게 된다. 그러면 염소에 의한 독성과 살균에 의한 유익 미생물들을 죽이게 되고, 염소 소독에 의한 뿌리 피해를 입히고 식물체내 염소가 과량 축적되어 식물생장에 필요한 세포분열과 세포확장 모두를 억제할 수 있어 조직이나 기관 더 나아가서는 식물 전체를 고사시킬 수 있다.

화초에 물을 줄 때에는 수돗물을 3~4일 정도 면적 넓은 큰 대야에 담아

두고 염소 성분을 공중으로 휘산시킨 후 사용하여야 한다. 커피나 차 끓이고 남은 물이나 야채 데치고 남은 물은 버리지 말고 식혀서 화분에 주면 좋다. 염소도 없고 그 속에 양분도 함께 넣어주는 것이기에 권장 할만하다.

또한 커피물이나 녹찻물을 스프레이 통에 담아 식물 잎에 뿌려주면 병해충 방제도 할 수 있고 물을 재활용하게 되어 마음이 뿌듯하게 느껴진다. 그리고 차와 커피 찌꺼기는 쓰레기통에 버리지 말고 화분 토양 위에 올려주면 훌륭한 거름이 된다. 하지만 때때로 날파리가 생겨 애를 먹기 때문에 깨끗한 환경을 원한다면 비료로만 키우는 것이 알맞다.

화분에 물주는 방법은 화분 표면 토양이 마르면 화분을 배수 시설이 있는 욕실 또는 베란다로 옮겨 며칠 동안 큰 대야에 담아둔 수돗물을 물 조리개로 화훼식물을 목욕 시킨다는 생각으로 잎에 충분히 물을 적셔주면 화분 밑바닥 배수구에 물이 흘러나온다. 그때 물주기를 그만두고 더 이상 물이 화분 바깥으로 나오지 않을 때 실내로 들이면 된다.

만약 수돗물을 대야에 담아 놓는 일이 번거롭거나 급히 물을 주어야 할 때는 정수기 물을 받아 주는 것도 좋다. 화분 물주기는 비가 오면 지상부 식물과 지하부 뿌리 및 토양을 생각해보면 그 원리를 이해할 수 있을 것이다.

화분 물주기는 이런 하늘에서 내리는 빗물을 대신해 내가 하늘을 대신해 비를 내린다는 생각으로 정성스럽게 물을 주면 식물은 거기에 반응하여 잘 자란다.

화분 토양에 너무 많은 물을 주면 습해 피해 뿐만 아니라 식물 뿌리는 뿌리썩음병 진균에 감염되기 쉽고, 물이 너무 적으면 식물은 목말라 죽는다. 특히 진균에 감염 우려가 있을 시에는 식물 잎과 줄기 전체에 물을 뿌리지 말고 뿌리쪽에만 물을 주어야 한다. 대부분 세균성 병균들은 기주를 감염시키려면 식물 표면에 물이 있어야 하고 물을 통해 확산되기 때문이다. 따라서 물 관리를 어떻게 하느냐에 따라 실내 작물 가꾸기의 성공과 실패가 결정되니 위에서 기술하였던 원리를 잘 생각하여 물 관리를 잘 하면 식물은 돌보아준만큼 잘 자란다.

넷째는 태양 햇빛의 문제이다.

식물은 빛이 있을 때에는 광합성을 하여 물과 이산화탄소를 이용하여 산소와 포도당을 만들고 빛이 부족할 때에는 호흡을 하여 산소와 포도당을 이용하여 이산화탄소를 방출하며 에너지(ATP)를 만든다. 광보상점은 이러한 과정을 통해 이산화탄소의 흡수량과 방출량이 같아지는 광의 강도를 말하며 광포화점은 광합성 속도가 더 이상 증가하지 않을 때의 빛의 세기를 말한다.

식물마다 광보상점과 광포화점이 다른데 식물이 자라기 위해서는 최소 광보상점 이상의 빛이 필요하다. 광합성을 많이 하는 양지식물은 이산화탄소 흡수량이 음지식물보다 훨씬 높아 광보상점이 높다. 그 반면 음지 식물은 암반응인 이산화탄소 흡수량보다는 방출량이 높아 광보상점이 낮다.

음지식물은 양지식물보다 호흡률이 낮아 약간의 이산화탄소 고정만 일어나도 광보상점에 도달하게 되어, 양지식물이 $10{\sim}20\mu\,\mathrm{mol/m}^2\cdot\,\mathrm{s}^1$의 광보상점을 보이는데 비해 음지식물은 $1{\sim}5\,\mu\,\mathrm{mol/m}^2\cdot\,\mathrm{s}^1$의 범위를 나타낸다. 쉽게 말하면 양지 식물은 햇빛을 많은 받는 곳에서 잘 자라고, 음지식물은 햇빛이 적은 지역에서 잘 자란다. 가정에서는 대부분 햇빛이 잘 들지 않기 때문에 음지식물이 대부분이다.

양지식물은 햇빛이 잘 드는 곳에 두어야 하는데 실내 음지에 두면 필요한 햇빛 광량을 얻지 못해 잘 자라지 못한다. 반대로 난과 같은 음지식물을 햇빛이 잘 드는 베란다에 두면 잎 전체가 타버려 잘 자라지 못한다. 따라서 양지에는 양지식물을, 음지에는 음지식물을 두고 길러야 하는 뻔한 이치임에도 불구하고 이러지 못하여 소중하고 귀중한 작물을 죽이는 경우가 허다하다.

가정 내 식물 가꾸기는 어린 아이 키우듯 정성스럽게 돌보아야 한다. 식물도 방치하면 스스로 알아서 잘 크지 않는다. 자라는 환경(토양, 햇빛)이 알맞아야 하고 배(양분)를 굶기지 말아야 하고 수시로 적당한 물을 잘 주어야 한다.

가정에서 식물을 잘 키우는 사람은 소질과 자질보다는 애정이 높은 사람들이다. 관심과 애정은 모든 분야에서 중요하듯이 식물 가꾸기에도 그대로 적용된다. 많은 지식보다는 애정이 더 중요하다는 말이다. 여기에 지식을 더하면 전문가 반열에 오르게 된다.

입하

하병연

트랙터로 고래실 논 갈자

흙이 물 보듬고 물이 흙 품는다

이제야 수평水平이구나

뻘쭘한 햇빛이 제일 먼저 발 담근다

시루봉 뒷산도 유유히 드러눕는다

딸, 딸, 딸, 트랙터 소리

물의 품안에 들었는지 시끄럽지 않다

황로 떼가 긴 부리로 물의 알몸을 찍어댄다

농사의 시작은 수평水平

따뜻한 해가 지상의 밥상 위에 내려앉는다

트랙터 운전석에 앉아 땅을 갈거나 로우타리를 직접 하다 보면 토양에서 나는 냄새가 있다. 밭 토양에서 나는 냄새와 논 토양에서 나는 냄새는 확연히 다르다. 또 산 옆 황토가 많은 토양에서 나는 냄새와 강가 쪽 모래땅 밭에서 나는 냄새가 다르다. 그 속에 들어있는 미생물이나 가스가 다르기 때문이다. 사람도 어디에 사느냐에 따라 행동과 생각이 다를 수밖에 없다. 이것을 서로 인정할 때 서로 간의 배려가 나온다.

도시농업 TIP

비는 내리고

하병연

비 내리자 매실나무는 일제히 입 벌린다

벌컥벌컥 물 먹는 소리 내 심장 소리보다 크다

무슨 일로 비는 내려 하늘이 땅으로 내려오는가?

나뭇가지 하나에 수백 개의 입이 젖어 있다

농사를 해보면 가뭄이 심한 날이 계속 되면 작물도 목이 타지만 농부도 목이 탄다. 그런데 희한하게 꼭 필요한 시기에 필요한 양만큼 하늘에 계신 크신 분이 골고루 물을 뿌려준다. 그 하늘을 먹고 매실나무는 살아간다.

도시 농업 TIP

텃밭의 땅은 어디에서 구할까?

텃밭은 크게 두 가지로 구분할 수 있는데 직접 땅에다 작물을 심는 토양 텃밭 재배와 마땅한 땅이 없어 토양 대신 인공 토양(상토)을 넣어 상자에 재배하는 상자텃밭 재배가 있다. 도시민들이 일반적으로 텃밭을 구하는 방법은 다음과 같다

첫 번째는 지자체에서 분양하는 텃밭을 분양받는 방법이다.

•• 지자체(시청, 구청, 군청) 소속 도시농업과, 농업기술센터나 주민센터 (동사무소)에서 보통 1월에서 3월초에 분양 공고를 낸다.

•• 분양 공고를 내고 접수 신청을 선착순 또는 공개 추첨을 하며 선착순 신청은 대부분 조기 매진되므로 서둘러야 한다.

•• 텃밭 분양 공고일을 미리 파악해 두어야 하며 수시로 지자체 시군청 홈페이지 및 담당자에게 전화해서 일정을 파악해 둔다.

•• 공고가 나면 재빨리 텃밭 관련 입금계좌에 입금하여 선착순 분양 또는 추첨 분양을 받는다.

•• 어떤 지자체에서는 지역 주민들을 위해 무료 분양을 하는 경우도 있다.

두번째는 민간에서 분양하는 사설 텃밭을 분양 받는 방법이다.

•• 지자체 소유 부지 면적이 부족하여 지자체 주변 땅 소유주와 연계하

여 직접 사설 텃밭을 분양 대행해주거나 땅 주인과 연계해준다.

  ❖ 자체 텃밭 분양 받기를 실패하였다면 도시농업과나 농업기술센터 담당 공무원에게 주변 사설 주말농장 분양하는 곳을 소개 받는다.

  ❖ 농기구 대여 및 작물 재배 교육을 실시하는 지 꼼꼼히 따져보면 분양 받는다.

세번째는 옥상 및 베란다를 활용하여 베란다 텃밭 및 상자 텃밭을 직접 만드는 방법이다.

  ❖ 시멘트 바닥으로 된 옥상이나 베란다 부지는 흙을 직접 이용하여 사용할 수 없기 때문에 주로 인공 토양(상토)를 사용한다.

  ❖ 전문적 베란다 텃밭을 제작하기 힘들 때에는 간단한 상자텃밭으로 한다.

  ❖ 옥상 및 베란다는 햇빛이 잘 드는 곳을 선택한다.

  ❖ 베란다 텃밭은 햇빛이 많이 드는 남향 방향의 베란다가 식물 기르기에 적합하다.

  ❖ 하루 최소 4시간 이상 햇빛이 비치는 곳이어야 하며, 그늘이 많은 곳은 적합하지 않다.

텃밭의 위치, 어디에 선택해야 좋을까?

- 자기가 사는 집에서 가장 가까운 텃밭이 좋다.

문전옥답(門前沃畓)이라는 말이 있다. '아무리 좋은 땅이라도 내가 사는 집 앞 땅보다는 못하다' 라는 말인데 '작물은 사람의 발자국 소리에 따라 큰다' 라는 말과 일맥상통한다. 자기가 사는 집과 멀리 있으면 처음 봄철 몇 번은 텃밭에 나가서 모종을 심고 즐겁게 작물을 가꾸지만 대부분 여름 정도에는 거의 나가지 않게 된다. 그래서 가장 좋은 텃밭은 집에서 걸어갈 수 있는 정도의 거리에 있는 곳이라 할 수 있다. 토양, 햇빛, 물 등과 같은 작물 재배 환경 조건은 그 다음 문제이다.

- 텃밭 작물재배와 관련된 컨설턴트가 있는 곳이 좋다.

선생님이 있으면 초보 농사꾼에게는 선생님을 확보한 것이 때문에 작물 관리, 병해충 방지 등과 같은 농사 재배 기술 일련을 조언 받을 수 있다.

- 농기구를 빌려 주는 텃밭이 좋다.

텃밭에서 농기구를 대여하지 않는다면 농기구를 구매하여야 하는데 사용 후 아파트에서 농기구 보관이 쉽지 않고 성가시기 때문에 농기구를 대여해주는 텃밭이면 좋다.

- 물 공급 시설이 잘 갖춘 곳이 좋다.

상수도 물을 이용하는 텃밭이 간혹 있는데 상수도 물은 물 소독을 위해 염소를 쓰기 때문에 계속 사용하면 작물은 염소 피해를 받는다. 부득이 옥상이나 베란다 텃밭에는 상수도 물을 사용하여야 하는데 이때에는 물을 큰 대야에 최소 3일 이상 미리 받아두어 염소가 공중으로 다 날아간 후에 사용해야 한다. 염소가 많은 물을 계속 사용하면 토양 내 미생물을 죽이고 작물의 뿌리나 잎에 염소 피해가 발생되기 때문이다. 요즈음에는 가정에 정수기가 많이 설치되어 있다. 정수기 물을 사용하면 염소 피해는 줄일 수 있는 데 칼슘과 마그네슘 등과 같은 이온들이 정수기 필터에 걸러져 정수기 물에는 이런 양분이 부족하다. 그래서 칼슘과 마그네슘 비료를 따로 주어야 한다.

- 가족들이 쉴 공간이 있는 텃밭이 좋다.

농사일은 햇빛 아래에서 하는 일이라 무덥고 육체적으로 지치는 경우가 많다. 들판 한 가운데에 텃밭이 있으면 작물은 잘 자랄지 몰라도 사람은 마땅히 쉴 곳이 없어 여간 불편하지 않을 수 없다. 그래서 자기 자신과 가족들이 쉴 수 있는 원두막이나 주변 나무 그늘이 있는 텃밭이면 더 좋다. 이런 지역은 대개 산지 밭이다. 텃밭의 목적이 농작물의 수확량 증대를 통한 경제적 이윤추구보다는 작물 재배를 통한 가족 구성원간의 힐링이 목적이기 때문이다.

텃밭 농사 정보는 어디에서 구하나?

– 국가의 농업 관련 연구를 전담하는 공공 연구기관이 있다. 대표적인 농업연구기관은 농촌진흥청이다. 농촌진흥청 사이트에서는 대한민국 농업 전반 기술과 정책이 설명되어 있다. http://www.rda.go.kr

– 농촌진흥청에서 운영하는 농사로 사이트에서는 작물별 농사짓는 기술을 정리하여 제공하고 있다. http://www.nongsaro.go.kr/

– 농촌진흥청 산하 국립 식량과학원에서는 벼, 보리, 콩 등과 같은 식량 작물에 대한 연구 결과를 제공하고 있다. http://www.nics.go.kr

– 농촌진흥청 산하 국립 원예특작과학원에서는 국내 채소, 과일나무 등 원예작물에 관련된 정보를 제공하고 있다. http://www.nihhs.go.kr

- 각 도에는 도 농업기술원이 있다. 각 지역에 알맞은 농산물과 재배방법에 대해 소개하고 있다. 예를 들어 경기도농업기술원, 강원도농업기술원, 충북도농업기술원, 충남도농업기술원, 경북도농업기술원, 경남도농업기술원, 전남도농업기술원, 전북도농업기술원, 제주도농업기술원이 있다.

- 각 시 군에는 농업관련 교육 및 지도 기관인 농업기술센터가 있다. 특히 서울시 농업기술센터(http://agro.seoul.go.kr/)와 부산 농업기술센터(http://www.busan.go.kr/nongup/)에서는 도시농업과 텃밭에 관련된 정보를 많이 제공하고 있다.

농자재는 어디에서 구하여야 하나?

- 텃밭에 필요한 씨앗, 모종, 비료, 비닐, 퇴비, 농약, 상토 등을 판매하는 곳은 시중 금융업무만 취급하는 농협에서는 팔지 않고 농자재를 시판하는 지역농협 농자재팀에서 판매한다. 구매 하기 전 미리 전화를 한 후 방문하는 것이 편하다. 또한 시군에 있는 농약사에서도 판매하고 있으며 텃밭용 소량으로 판매하는 곳이 있기 때문에 이곳도 방문 전 미리 확인하는 편이 좋다

- 지자체에서 대규모로 분양된 도시텃밭은 운영과에서 농자재를 대행하거나 판매를 실시하는 곳도 있기 때문에 문의 후 구매하면 된다.

- 바쁜 도시생활의 일상으로 시간에 쫓기면 인터넷 판매점에서 구매하거나 농자재 회사에 연락하여 구매하여도 된다.

텃밭을 하기 위한 필요 농기구

호미

텃밭에서 가장 사용 빈도가 높은 농기구이다. 씨앗이나 모종을 심을 때, 작은 구멍을 팔 때 필요하며 풀을 맬 때나 흙을 부드럽게 부술 때 필요하다. 호미는 대개 끝 모양이 뾰족한 것과 넓적한 것이 있는데 뾰족한 호미는 모종이나 씨앗을 심을 때 용이하고 넓적한 호미는 땅에 있는 풀을 긁어서 제거할 때 주로 사용한다.

삽

고랑을 파서 두둑을 만들 때나 흙을 부수거나 배수로를 정비할 때 많이 사용한다. 당근이나 무 등과 같은 뿌리 작물을 수확할 때에도 사용한다. 퇴비나 비료를 흙과 혼합할 때에도 필요하다.

모종삽

모종을 심거나 흙을 작물 주위로 모울 때 주로 사용한다.

괭이

고랑을 파서 두둑을 만들고 두둑 높이를 높이려고 할 때 주로 사용한다. 흙을 다른 곳으로 옮길 때 용이하다.

물조리개

농작물에 물을 줄 때 필요하다.

농약 분무기

농약을 치거나 액체비료를 뿌릴 때 사용된다.

텃밭 토양 장만부터 모종 심는 방법 TIP

작물 재배를 위한 텃밭을 준비하였다면 작물을 심기 전에 텃밭 토양을 가꾸어야 한다. 지하부 토양도 지상부 작물과 마찬가지로 살아있는 생태계를 이루면서 살고 있기 때문에 토양 속 생태계가 잘 살 수 있도록 지하부 토양을 잘 가꾸어야 한다. 지상부 작물만 관심을 가지지 말고 지하부 토양도 관심을 가져보자.

- 토양 개량제 뿌려주기

대부분 우리나라 토양은 산성이다. 토양 pH개량제인 석회질 비료(석회고토, 소석회, 패화석비료 등)를 10kg/33m2(10평)정도 뿌려준다.

- 퇴비 또는 원예용 상토 주기

퇴비는 원료가 분명한 그린1급퇴비 1포(20kg/33m2(10평)), 또는 원예용 상토 1포(50L/33m2(10평))를 뿌려준다. 퇴비에서 악취가 나고 원료가 명확하지 않을 때에는 원예용 상토를 사용하기를 권장한다.

- 토양 파헤치기 및 뒤엎기

석회질 비료와 퇴비가 뿌려진 토양을 삽이나 괭이로 토양을 뒤집는다. 토양 파기 깊이는 약 20~30cm 정도로 한다. 작물 심기 약 10~15일 전에 한다.

- 화학비료 주기

화학비료는 속효성비료와 완효성비료가 있다. 속효성비료는 작물 모종을 심거나 씨앗 파종 약 1주일 전에 농촌진흥청 추천 시비량을 토양에 뿌려준다. 시비량은 농촌진흥청에서 운영하는 흙토람 사이트에 자세히 설명되어 있다.

흙토람 사이트 https://soil.rda.go.kr에서 비료사용처방 항목을 클릭하면 '작물별 비료 표준사용량 처방'을 참조하면 된다. 시비량이 작물에 따라 다르기 때문에 꼭 확인해서 뿌려야 한다. 또한 작물 생육 도중 3~5회 정도 다시 뿌려주어야 한다.

피복형 완효성비료는 작물 심는 당일에 추천 시비량만큼 뿌려주고 더 이상 비료를 부가적으로 뿌려줄 필요가 없다. 완효성비료와 속효성비료 시비량이 다르기 때문에 꼭 시비량을 확인 후 뿌려야 작물이 제대로 자란다.

다만 생계를 위해 농민처럼 작물 수확량을 목표로 하지 않고 작물 안정성과 병해충을 감안한다면 추천 시비량보다 약 20~30% 정도 적게 뿌려주는 것을 권장한다. '과한 것은 부족한 것만 못하다' 란 말처럼 처음부터 많이 뿌리면 탈이 난다.

- 두둑 만들기

화학비료 주기를 끝낸 후 바로 두둑 짓기를 한다. 배수가 불량한 토양은 두둑 높이를 30cm 이상, 배수가 양호한 토양은 20cm 이상 정도로 하여 두둑을 짓는다. 삽으로 두둑 쌓기를 하면 괭이나 호미로 토양을 잘게 부순다. 토양 덩어리가 많으면 작물 뿌리 내리기 쉽지 않다.

- 모종심기

텃밭 농사는 단일 작물 하나만 심는 것보다는 많은 작물을 다함께 심는 혼작 심기를 권한다. 왜냐하면 단일 작물만 심으면 병해충 피해가 심하기 때문이다. 최소 5~6가지 작물을 심는 것을 추천한다. 병해충 예방을 위해 주 작물 이외에 메리골드, 대파, 부추, 박하, 결명자, 옥수수 등을 혼합하여 심는 것을 추천한다. 예를든다면 토마토-부추-가지-양배추-옥수수-콩-상추-메리골드와 같다.

- 멀칭하기

모종 심기를 마친 후 멀칭 작업을 실시한다. 멀칭은 잡초 방제와 토양 온도를 높이기 위해 실시하는 데 크게 비닐 멀칭과 낙엽과 같은 유기물 멀칭이 있다. 잡초 방제가 가능하다면, 즉 자주 텃밭에 와서 제초 작업이 가능하다면 멀칭을 굳이 할 필요는 없고 주변 볏집이나 낙엽 등으로 토양을 덮어주면 된다. 이런 것이 없으면 우드칩이나 원예용 상토를 구매하여 멀칭하여도 좋다.

돌산갓에 관한 사유

하병연

1

돌산갓이 커는 동안 허공 자리에 있던 공기는

갓이 커는 만큼 옆으로 밀려나고

밀려난 만큼, 그 만큼의 공기는 갓 속으로 들어가는 법

그래서 돌산갓이 시들면 허공이 시드는 법

2

돌산갓이 커는 동안 뿌리 자리에 있던 땅은

갓이 커는 만큼 자기 살 뚝뚝 내어주고

내어준 만큼, 그 만큼의 땅은 갓 속으로 들어가는 법

그래서 돌산갓이 푸르면 허공에서 땅이 푸르는 법

3

돌산갓이 커는 동안 하늘 자리에 있던 달은

갓이 커는 만큼 배가 점점 불러오고

불러온 만큼, 그 만큼의 달은 갓 속으로 들어가는 법

그래서 돌산갓을 씹으면 보름달 맛이 나는 법

돌산갓은 돌산갓 혼자 잘 나서 커는 게 아니다. 돌산갓이 크는 동안 공기와 땅과 달이 돌산갓 안으로 들어가서 돌산갓을 키운다. 조화로운 삶은 돌산갓에서 찾아볼 수 있다. 진리는 항상 가까이 있다. 다만 내가 아둔하여 못 볼 뿐이다.

생각농사

알기 쉽게 풀어 쓴 농사 원리

초 판 발 행   2020년 08월 28일

지 은 이   하병연

기획·편집   이화엽·이문희

펴 낸 곳   도서출판 곰단지

디 자 인   이수미

I S B N   979-11-89773-19-9

정   가   15,000원